Frettchen

AUTORIN: GISELA HENKE | FOTOGRAF: OLIVER GIEL

Inhalt

Kleine Räuber

Sie wünschen sich ein Frettchen als Hausgenossen? Vermutlich erlagen Sie wie ich dem Charme eines vor Begeisterung hüpfenden Frettchens oder waren hingerissen von diesen possierlichen Tierchen. Was für die Haltung dieses Heimtieres wichtig ist, möchte ich Ihnen im Folgenden vorstellen.

»Ein Frettchen, bitte!«

Mit Ihrem Wunsch nach einem Frettchen sind Sie in guter Gesellschaft, denn die Fangemeinde dieser unternehmungslustigen Marder wächst von Jahr zu Jahr. Das darf Sie aber bitte nicht dazu verleiten, ein Frettchen zu kaufen, ohne sich vorher über seine Bedürfnisse ausreichend zu informieren.

Ein paar Worte vorab

Ein Heimtier ist stets ein Familienmitglied. Das bedeutet, dass alle, die in Ihrem Haushalt leben, mit der Anschaffung eines Frettchens einverstanden sein müssen, denn mit dem Einzug der Tiere wird sich einiges verändern: Ein Frettchen gehört der ganzen Familie. Alle sollen Spaß mit und an dem Tierchen haben, aber alle müssen auch wissen, dass sie damit uneingeschränkt Pflichten übernehmen. Denn in den nächsten sieben bis zehn Jahren sind alle für einen sehr lebenslustigen, jedoch auch anspruchsvollen Hausgenossen verantwortlich. Bitte bedenken Sie aber, dass Frettchen keine speziellen Heimtiere für Kinder sind (→ Seite 34). Lassen Sie sich bitte nicht zu einem Spontankauf verleiten, wenn Sie irgendwo ein niedlich zusammengerollt schlafendes Tierchen oder spielende Welpen sehen. Informieren Sie sich vorab gut über diese, damit Sie die Frettchen artgerecht unterbringen, ohne dass sie Schaden nehmen oder Sie unliebsame Überraschungen erleben. Ideal wäre es – auch um zu erfahren, ob Frettchen zu Ihnen passen –, wenn Sie für einige Zeit diese lustigen Gesellen in Urlaubspflege nehmen könnten. Wenn Sie dann gut vorbereitet eine Verbindung mit diesen Tieren eingehen, werden Sie von deren unbekümmerter Art fasziniert sein und an diesen liebenswerten Hausgenossen viel Freude haben. Außerdem wird sich das Frettchen dann bei Ihnen wohlfühlen.

Frettchen stellen sich vor

Frettchen gehören zur Familie der Marderartigen und damit zu den Raubtieren. Stammvater aller Frettchen ist der wild lebende Iltis *(Mustela putorius)*. Erste geschichtliche Erwähnungen, dass Iltisse gefangen wurden, stammen mindestens aus dem vierten Jahrhundert vor Christus. Die Tiere wurden zur Bekämpfung von Ratten und Mäusen in Getreidespeichern und Vorratslagern eingesetzt, also gezähmt. So entstand nach und nach zum gegenseitigen Nutzen eine Bindung zwischen Mensch und Tier. Im Lauf der Jahrhunderte züchteten die Menschen aus dem Iltis eine neue Art, das domes-tizierte Frettchen *(Mustela putorius furo)*. Welche Gemeinsamkeiten und Unterschiede Frettchen und Iltis aufweisen, können Sie in der Tabelle auf Seite 7 nachlesen.

Vom Jagdgehilfen zum Heimtier Wie bereits erwähnt, war die Bekämpfung von Ratten der Anlass, das Frettchen zu züchten. Später lebten die kleinen Marder vor allem in den Haushalten von Jägern, die sie zur Kaninchenjagd einsetzten. Seit den 1980er-Jahren haben Frettchen Einzug in unsere Wohnzimmer gehalten. Heute erfreuen die meisten von ihnen ihre Besitzer mit ihrem temperamentvollen, lieben Wesen und ihren Streichen.

Außerdem werden die kleinen Marder auch heute noch von der Pharmaindustrie zur Impfstoffherstellung verwendet, von Pelztierzüchtern in kleinen Drahtkäfigen gehalten und zur Kaninchenjagd, dem sogenannten Frettieren, eingesetzt.

Was Sie von einem Frettchen erwarten können

Artgerecht gehalten sind Frettchen überaus aktive, neugierige Tiere, die die Abwechslung lieben. Ihren Tatendrang werden Sie sicher verstehen, wenn Sie den Iltis betrachten. Er ist den überwiegenden Teil der Nacht damit beschäftigt, Beute zu suchen, sein Revier zu verteidigen und sich vor größeren Beutegreifern in Sicherheit zu bringen. Im Gegensatz dazu braucht sich das Haustier Frettchen sein Fut-

Frettchen lieben die Abwechslung in ihrem Leben: Diese beiden Kuschelmarder haben sich im Freigehege begeistert ein neues Versteck erobert.

ter nicht mehr zu erarbeiten und hat auch sonst keine Aufgabe, ist also nicht ausgelastet. Um Frettchen körperlich und geistig fit zu halten, sind Sie als Besitzer gefordert, deren kleine Welt immer wieder neu und interessant zu gestalten. Am einfachsten lässt sich dies erreichen, indem die Tiere an Ihrem Tagesablauf teilhaben dürfen (→ Seite 16). Die Erfahrung hat gezeigt, dass Frettchen umso ausgeglichener sind, je weniger ihr Tatendrang eingeschränkt wird. Tiere, die täglich nur kurzfristig ihr Domizil verlassen dürfen, erwecken den Eindruck, als ob sie in der kurzen Zeit des Freigangs die ganze angestaute Energie »abarbeiten« müssten. Sie scheinen sich eine lange Liste mit Dingen gemacht zu haben, die sie in der ihnen zur Verfügung stehenden Zeit in der Wohnung erledigen wollen. Selbst kränkelnde Tiere wirken in dieser Zeit fast unauffällig und aktiv wie immer (→ hierzu auch Seite 54). Geringfügige Verhaltensänderungen fallen nur einem aufmerksamen Besitzer auf. Zum Schutz der Tiere ist es aber leider manchmal notwendig, die emsigen Kobolde in einer frettchensicheren Behausung unterzubringen, wenn sie nicht beaufsichtigt werden können. Wie diese aussehen muss, erfahren Sie ab Seite 17.

Ein bisschen Frettchenkunde

Gewicht Wenn Sie mehrere Frettchen nebeneinander betrachten, fällt Ihnen sicher auf, dass die Tierchen unterschiedlich groß sind. Die Rüden, wie die männlichen Frettchen genannt werden, sind in der Regel deutlich schwerer als die Fähen, die weiblichen Tiere. Sie wiegen mit bis zu zwei Kilogramm und mehr meist doppelt so viel wie die Weibchen (600 bis 1100 Gramm). Es gibt aber auch extrem leichte Rüden (circa 900 Gramm) und schwere Fähen, die trotz eines Gewichtes von 1300 Gramm

---

Vergleich **Iltis – Frettchen**

Frettchen sind zwar Heimtiere, haben sich aber trotzdem noch viele Verhaltensweisen ihres »wilden« Stammvaters Iltis bewahrt.

GEMEINSAMKEITEN

JAGD	Der Jagd- und Beutetrieb ist bei beiden stark entwickelt.
VORRATS-HALTUNG	Wenn Iltis oder Frettchen mehr Futter haben, als sie gerade fressen können, wird es in der Höhle gelagert. Kontrollieren Sie täglich die Schlaflager Ihrer Tiere, damit nichts schlecht wird.
BUDDELN	Auf der Jagd nach Mäusen öffnet der Iltis auch deren Baue. Dies tun auch Frettchen gern, wenn Sie mit ihnen spazieren gehen.

UNTERSCHIEDE

KLETTERN	Iltisse erklettern behände jeden Baum. Viele Frettchen sind dagegen häufig kaum noch in der Lage, auf eine Couch zu klettern.
SOZIAL-VERHALTEN	Iltisse verteidigen als Einzelgänger ein Revier. Frettchen sind überaus gesellig und wollen am liebsten in der Gruppe, mindestens aber zu zweit gehalten werden. Mit einem Einzeltier müssen Sie sich viel beschäftigen.
WASSER	Der Iltis ist nicht wasserscheu, er sucht seine Beute auch oft im Wasser. Junge Frettchen gehen gern ins Wasser, ältere selten, sie spielen eher mit Wasser.

nicht übermäßig dick sind. Nach der Kastration (→ Seite 58) nehmen Frettchen an Gewicht ab.

Alter Fähen haben mit circa sieben bis acht Jahren eine etwas längere Lebenserwartung als Rüden, die rund sechs bis sieben Jahre alt werden können. Angaben in der Literatur von zehn bis zwölf Jahren sind heute nicht mehr gültig.

Aktivität Gewicht, Körpergröße und Alter beeinflussen auch die Aktivität der Tiere. So sind kleinere Tiere in der Regel bewegungsfreudiger als etwa behäbige Rüden mit zwei Kilogramm Körpergewicht. Auch mit zunehmendem Alter schränken Frettchen ihre Aktivitäten deutlich ein. Während Jungtiere noch übermütig kreuz und quer springen, dabei ein gockerndes Geräusch von sich geben und wie verrückt mit dem Kopf hin- und herschlagen, traben ältere Tiere eher gelassen durch das Zimmer.

Fortbewegung Beim Laufen der Tiere können Sie ein weiteres Charakteristikum von Iltis und Frettchen beobachten: den runden Rücken. Dieser kommt zustande, weil die Tiere dabei ihre beiden Hinterbeine unter den Körper ziehen.

Ruhen Die Schlafpositionen erscheinen uns häufig sehr unbequem, aber für ein Frettchen ist es völlig entspannend, mit etwas »verknotet« anmutender Wirbelsäule zu ruhen und am liebsten dicht bei den

Dieser tobende Flitzer zeigt Ihnen, wie Frettchen beim Laufen ihren Rücken hochbiegen. Geben sie dabei gockernde Laute von sich und schlagen mit dem Kopf hin und her, ist die Frettchenwelt ungetrübt.

Rudelgenossen zu liegen. Kuscheln und Dösen gehören neben Toben und Anstellen von Blödsinn zu ihren liebsten Beschäftigungen.

Achtung, Raubtier

Geruchsentwicklung Wie alle Marderartigen haben auch Frettchen die »berüchtigten« Analdrüsen (Stinkdrüsen). Das Sekret dieser Drüsen setzen Marder mit ihrem Kot ab, um die Grenzen ihres Reviers zu markieren. Das machen auch Frettchen noch, der Geruch ist aber in den geringen Mengen kaum wahrnehmbar. Man riecht ihre »Duftstoffe« jedoch, wenn sie Angst haben oder Feinde oder aufdringliche Rudelgenossen abschrecken wollen. Der extreme Geruch soll den Verfolger irritieren und ablenken, damit der Gejagte entwischen kann. Äußerst selten entleeren einige Tiere ihre Analbeutel auch in völliger Entspannung, etwa auf dem Schoß ihres Besitzers. Der Geruch ist extrem, verflüchtigt sich zum Glück aber schnell. Laut Tierschutzgesetz ist das Entfernen der Drüsen strikt untersagt, um natürliches Verhalten zu ermöglichen, und nur bei deren Erkrankung erlaubt. Bei artgerechter Haltung werden die Tiere kaum Gebrauch davon machen. Deshalb ist eine Entfernung auch nicht notwendig.

Mietvertrag Wenn Sie zur Miete wohnen, sollten Sie sich vorsichtshalber von Ihrem Vermieter die Haltung von Frettchen genehmigen lassen. Wegen starker Geruchsentwicklung seiner Tiere ist ein Frettchenhalter schon aktenkundig geworden.

Warnung zum Schluss Bei aller Drolligkeit sind Frettchen Raubtiere mit kleinen, spitzen Zähnchen, doch artgerecht gehaltene Tiere setzen ihre Waffen höchst selten ein. Wenn es aber doch einmal im Spiel geschieht, können Sie blutende Wunden davontragen. Lassen Sie sich deshalb prophylaktisch gegen Tetanus impfen!

Sind Sie ein »Frettchen-Typ«?

TIPPS VON DER
FRETTCHEN-EXPERTIN
Gisela Henke

Frettchen sind ganz besondere Heimtiere. Bitte prüfen Sie an folgenden Punkten, ob ein Frettchen bei Ihnen glücklich werden kann.

GESELLIGKEIT mit Artgenossen ist das Höchste für Frettchen. Sie beziehen zwar auch »ihren« Menschen, sogar Hund oder Katze mit ins Rudel ein, diese sind aber kein Ersatz für Artgenossen. Deshalb mindestens zwei Tiere halten.

ALLEIN SEIN wollen Frettchen nicht gern. Wenn Sie viel außer Haus sind, sollten Sie sich in der gemeinsamen Zeit umso intensiver um die Tiere kümmern und sich mit ihnen beschäftigen.

FÜR URLAUB oder längere Abwesenheit vom Zuhause müssen Sie rechtzeitig eine frettchenerfahrene Pflegestelle organisieren.

TOBEN UND SPRINGEN ist normal für Frettchen. Dieses Verhalten darf Sie nie nerven. Die wenigsten Frettchen schmusen.

KRANK WERDEN kann auch ein artgerecht gehaltenes Frettchen. Für solche Fälle kümmern Sie sich bitte rechtzeitig um einen kundigen Tierarzt.

Anatomie und Sinne

Fell

Wenn Sie Ihr Frettchen leicht gegen den Strich streicheln, fällt Ihnen sicher auf, dass sich das Fell aus zweierlei Haaren zusammensetzt: aus der wärmenden, weicheren Unterwolle und aus dem längeren, härteren Deckhaar, auch Grannenhaare genannt.

Schwanz

Frettchen tragen ihr Schwänzchen meist flach über dem Boden, manchmal wedeln sie damit beim Laufen hin und her oder halten es leicht nach oben gebogen. Beim Springen dient der Schwanz als Steuer. Sind Frettchen in extremem Jagdfieber, wird heftig mit dem Schwanz geschlagen. Aufgeregte Frettchen sträuben die Schwanzhaare.

Pfote

Jede Pfote hat fünf Zehen mit ausgeprägten Krallen, die nicht eingezogen werden können. Im Verhältnis zum Körper sind die Beine recht kurz und werden zur wieselflinken Fortbewegung unter den Körper gesetzt. Dadurch wird der Rücken hochgedrückt.

Ohr

Frettchen haben zwar kleine Ohren, doch die faltenreichen Ohrmuscheln deuten auf ein gutes Hörvermögen hin. Sie lernen, auf ein bestimmtes Geräusch hin, etwa ihren Namen, zu kommen, und können ihre Hauptbezugsperson am Schritt von anderen Personen unterscheiden. Das bedeutet aber nicht, dass Frettchen auch gut gehorchen …

Auge

Für den nachtaktiven Iltis spielen die Augen bei der Beutejagd keine große Rolle. Auch bei Frettchen ist der Gesichtssinn nicht sehr gut ausgeprägt; sie können bewegte Gegenstände besser wahrnehmen als reglose.

Mäulchen

Frettchen haben ein Raubtiergebiss mit spitzen Fangzähnen vorn und kräftigen Reißzähnen hinten im Mäulchen. Mit den Fangzähnen wird die Beute gepackt und festgehalten. Die Reißzähne des Ober- und Unterkiefers bilden die sogenannte Brechschere, damit zerschneiden die Tiere ihre Fleischmahlzeit.

Welches Frettchen soll es sein?

Für welche Fellfarbe Ihres Tieres Sie sich entscheiden, ist reine Geschmackssache. Sie hat keine Auswirkungen auf Verhalten, Krankheitsanfälligkeit oder Lebenserwartung, solange es sich um die vier Grundfarben handelt: Albino, Iltis, Harlekin und Siam, auch Zimt genannt.

In der älteren Literatur können Sie häufig lesen, dass Frettchen eine Albinoform des Iltisses sind, das Albinofrettchen also die ursprüngliche Zuchtform sei. Dem widerspricht, dass in einem Wurf durchaus verschiedene Farbvarianten nebeneinander auftreten können. Kein Züchter kann genau vorhersagen, wie sich die Farben seines nächsten Wurfs zusammensetzen werden.

Die Fellfarben in der Übersicht

Die vier Grundfarben Albino, Iltis, Harlekin und Zimt stelle ich Ihnen rechts im Bild vor. Darüber hinaus gibt es seit einigen Jahren weitere Farbschläge:

Panda Sein Fell ist sehr hell mit nur wenigen dunklen Grannenhaaren. Bei diesen Tieren ist die Wahrscheinlichkeit hoch, dass sie taub sind, vor allem bei Frettchen mit großen, hellen Flecken am Kopf oder mit heller Blesse.

Weiß (black eye white) Im Gegensatz zum echten Albino, dem alle Farbpigmente fehlen und der deshalb rote Augen hat, haben weiße Frettchen schwarze Augen.

Fast schwarz (black self) Diese Frettchen haben tiefschwarzes Deckhaar und dunkle Unterwolle, möglichst ohne die typische Gesichtsmaske.

Gefleckt Die Tiere tragen ein weißes Fell mit schwarzen Flecken.

Langhaar- oder Angorafrettchen Diese Tiere haben ein sehr langes Fell. Die Fähen dieses Farbschlags sind kaum in der Lage, ihre Jungen aufzuziehen, da sie zu wenig oder keine nahrhafte Muttermilch produzieren.

Hinweis Bitte beachten Sie bei diesen Sonderzüchtungen, dass die Lebenserwartung durch vererbte Krankheiten verkürzt sein kann.

Bei diesem Kobold handelt es sich um ein pflegeaufwendiges Langhaar- oder Angorafrettchen. Ursprünglich entstanden sie durch Inzucht.

ALBINO Ihm fehlen jegliche Farbpigmente. Deckhaar und Unterwolle sind meist reinweiß, manchmal kann die Unterwolle auch gelblich bis orange schimmern. Albinos haben rote Augen.

ZIMT- ODER SIAMFRETTCHEN Sie besitzen hellbraune Grannenhaare an Kopf und Körper. Die Unterwolle ist gelblich. Der Augenhintergrund dieser Tiere ist burgunderfarben, die Iris ist braun.

ILTISFARBEN Kennzeichen ist die ausgeprägte Gesichtsmaske. Die Tiere haben dunkelbraunes bis schwarzes Deckhaar, weiße oder gelbliche Unterwolle und dunkle Beine. Da die Unterwolle im Winter dichter ist, erscheinen die Tiere dann heller als im Sommer.

HARLEKIN Er zeichnet sich durch einen weißen Brustlatz sowie weiße Pfoten aus. Die Färbung der Deckhaare an Kopf und Körper ist dunkelbraun bis schwarz, bei Zimt- oder Siamharlekin hellbraun. Die Unterwolle ist hell.

Frettchen ziehen ein

Der Einzug eines Frettchens ist nun beschlossene Sache, doch woher bekommen Sie Ihren quirligen neuen Hausgenossen? Zudem muss vorab noch das Frettchendomizil, aber auch die Wohnung vorbereitet werden, damit sich das neue Familienmitglied in seinem zukünftigen Zuhause von Anfang an wohlfühlt.

Das neue Zuhause vorbereiten

Bevor Ihre quirligen neuen Hausgenossen bei Ihnen einziehen, sollten Sie Ihre Wohnung mit den Augen eines Frettchens begutachten. Denn nicht alles, was den kleinen Kobolden zusagt, wird Ihnen gefallen. Da Frettchen überaus neugierig sind, werden sie alles untersuchen und in ihren Besitz nehmen, was Sie nicht gesichert haben.

Zimmerpflanzen Ich rate Ihnen, die Blumentöpfe nicht auf dem Boden stehen zu lassen, sondern unerreichbar auf einen Blumentisch oder ein Fensterbrett hochzustellen. Unsere Stubenmarder buddeln leidenschaftlich gern in Blumenerde, graben die Blumen aus und verteilen die Erde in der Wohnung.

Kleine Heimtiere Vögel, Meerschweinchen, Kaninchen oder Hamster und Mäuse, die bei Ihnen leben, sollten Sie in Sicherheit bringen. Allein schon der Anblick eines Frettchens versetzt sie in Angst und Schrecken (→ Seite 35).

Gefahrenquellen beseitigen

Da sich Ihre kleinen Unruhegeister für alles interessieren, vor allem wenn es eine eigentlich verbotene Zone ist, müssen Sie einige Vorkehrungen treffen.

Vergiften In allen Bereichen, die Sie Ihren Frettchen zugedacht haben, darf nichts stehen, was giftig ist. Denn Sie wissen ja, dass Frettchen alles untersuchen. Räumen Sie deshalb Putz- und Waschmittel, Chemikalien oder Medikamente sowie Zigaretten und Aschenbecher weg.

Ersticken Tüten und Taschen, vor allem Plastiktüten, verräumen Sie am besten an einen Ort, den die Frettchen nicht erreichen. Sie spielen zwar gern mit Knistertüten, doch sollten Sie dies bitte nur unter Ihrer Aufsicht zulassen.

Einsperren Lassen Sie die Klappen von Wasch- oder Spülmaschine nicht offen stehen, denn dort verstecken sich Frettchen schon mal gern. Bevor

Sie den Waschvorgang starten, bitte Ihre Rasselbande durchzählen! Auch in Bettkasten und Klapp-
couch könnte sich einer der Rabauken verstecken.

Entwischen Bevor Ihre Frettchen frei laufen dürfen, müssen Sie alle Fenster und Türen schließen.
Auch durch ein gekipptes Fenster kann ein Frettchen entkommen. Oder es steht plötzlich neben
Ihnen und möchte mit Ihnen zur Tür hinausgehen.

Ertrinken Eine Badewanne oder ein Becken voll
Wasser kann zur tödlichen Falle für Frettchen werden, weil sie sich an den glatten Wänden nicht
festhalten können. Gewöhnen Sie sich also an,
kein Wasser stehen zu lassen oder zumindest
Ihre Kobolde im Auge zu behalten.

Verbrennen Am heißen Bügeleisen, offenen
Feuer wie Kerzen oder an Zigaretten können sich
Frettchen verbrennen, mit heißem Wasser verbrü-
hen. Benutzen Sie solche Gefahrenquellen nicht
im Beisein Ihrer kleinen Räuber. Und lassen Sie

keine Sprungmöglichkeiten wie einen Stuhl oder
Ähnliches in der Nähe dieser Gefahrenquellen stehen, damit die Racker nicht hochklettern können.

Fremdkörper Lassen Sie nichts herumliegen, was
die Tierchen verschlucken könnten. Besonders
gummiartige Gegenstände ziehen Frettchen ma-
gisch an (→ Tipp Seite 19).

Mit Frettchen leben

Ob Ihre Tiere nun in einem großen Käfig oder abge-
trennten Raum oder katzenähnlich frei in der Wohnung leben, entscheidend ist, dass Sie mehrmals
am Tag intensiven Kontakt zu Ihren Tieren aufnehmen und ihnen viel Freilauf ermöglichen. Dieser
sollte öfter am Tag stattfinden und jeweils zwei bis
drei Stunden dauern.

Lassen Sie sich dabei von den Kobolden beim normalen Tagesablauf »helfen«: Frettchen klauen gern
Kartoffeln aus der Einkaufstüte und lagern sie hinter dem Schrank, ziehen den Wischlappen aus dem
Eimer und fangen schon mal an zu putzen, zerren
beim Bettenmachen an der falschen Ecke des Be-
zugs oder attackieren den Staubsauger. Aber so
macht das Frettchenleben Spaß.

Zum einen brauchen die Tiere diese Abwechslung
und die geistige Anregung, um fit zu bleiben, zum
anderen lernen Sie so das normale Verhalten ge-
sunder Tiere kennen. Das ist wichtig, um rechtzeitig
Veränderungen bemerken und beurteilen zu können. Die nahe Verwandtschaft zu Wildtieren bedeutet nämlich auch, dass Frettchen Krankheiten lange
Zeit unterdrücken und verbergen können. Selbst
bei schweren Erkrankungen sind sie in der Lage,
sich noch fast normal zu geben. Je besser Sie das
Verhalten Ihrer Tiere einschätzen können, desto frü-
her wird Ihnen eine Abweichung auffallen, und Sie
können rechtzeitig einen Tierarzt zurate ziehen.

Das macht Spaß: rückwärtsrennend Eigentum
von Zweibeinern zu erbeuten und, wenn man
dabei ertappt wird, auch noch frech zu fauchen.

Ein Tunnel zum Durchrennen oder als Versteck ist ganz nach Frettchens Geschmack. Man kann keck herauslinsen, sich aber auch schnell zurückziehen.

Eine Hängematte lädt zum Dösen und Schaukeln ein. Oder man nutzt sie – wie dieser freche Kobold – als Zwischenstopp während eines Spiels.

Domizil nach Frettchengeschmack

Aus dem bisher Gelesenen können Sie entnehmen, dass es vielerlei Möglichkeiten gibt, für die lebhaften Marder eine heile Frettchenwelt zu gestalten. Den Bedürfnissen Ihrer Rabauken entspricht am ehesten, wenn sie in der ganzen Wohnung toben dürfen. Manche Frettchenbesitzer gestatten es ihren Tieren, auch nachts herumzulaufen und sogar mit im Bett zu kuscheln. Da sich die Tiere dann grundsätzlich überall aufhalten könnten, muss Ihre gesamte Wohnung frettchensicher sein (→ Seite 15 und 16). Grundsätzlich ist zu beachten: Je großzügiger der Freilauf (→ Seite 33) bemessen ist, desto begrenzter kann das eigentliche Domizil sein.

Artgerechter Käfig

Darin können sich die Tiere bei Bedarf zurückziehen, oder sie werden dort eingesperrt, wenn Sie die Wohnung für längere Zeit verlassen müssen.

Im Zoofachhandel gibt es einen Käfig mit den Maßen 80 × 75 × 161 Zentimeter (L × B × H), der aber nur als Minimallösung gelten kann. Größer ist immer besser. Sie können auch einen Käfig aus gehobelten Vierkanthölzern und punktverschweißtem, verzinktem Draht (Maschenweite zwei Zentimeter) selbst bauen. Frettchen nagen zwar nicht, aber sie können hartnäckig den Draht bearbeiten, wenn sie nicht eingesperrt sein wollen. Als Mindestmaße sollten 1 × 1 × 1,5–2 Meter nicht unterschritten werden. Damit die Frettchen nicht am Käfig hochklettern, können Sie außen auf halber Höhe circa 30 Zentimeter breite Plexiglasplatten anbringen, zusätzlich befestigen Sie an der Wand Sprungbretter oder Dränageröhren als Abstiegshilfen.
Können Ihre Frettchen nicht frei in der Wohnung leben, dann ist es wichtig, dass sie mehrmals täglich mindestens zwei Stunden lang Freilauf haben.

Ausstattung fürs Frettchenheim

Ihrer Fantasie, das Frettchenheim abwechslungsreich und interessant zu gestalten, sind keine Grenzen gesetzt. Um sich wohlzufühlen, wollen Frettchen in ihrem Heim Folgendes vorfinden:

› Der Käfig sollte zwei bis drei Etagen aus gut zu reinigendem Holz aufweisen. Diese verbinden Sie miteinander über Röhren oder Treppen in eingesägten Durchstiegslöchern (zehn bis zwölf Zentimeter Durchmesser). Verwenden Sie für die Treppen bitte keine Drahtleitern oder Plastikbretter. Bei Ersteren können die Tierchen mit ihren Krallen hängen bleiben, auf Letzteren ist die Gefahr groß, dass sie ausrutschen. Zwischen den Etagen können Sie Bretter von mindestens 30 Zentimeter Breite seitenversetzt einhängen. Achten Sie darauf, dass die Tiere beim Springen zwischen diesen Stationen nicht abstürzen können, das heißt, der Abstand zwischen den Brettern darf nicht zu groß sein. Gegen Abrutschen von den Etagenbrettern helfen kleine Leisten an den vorderen Rändern.

› Mehrere Schlafplätze, denn Frettchen lieben es, während der Nacht häufiger ihren Schlafplatz zu wechseln. Deshalb sollten sie wählen können zwischen Schlafhaus mit Kuscheltüchern, Katzen- oder Hundekörben mit Kuscheldecken, Kinderwagen-

Mit weichen Schlaftüchern ausgestattet, lädt das Häuschen zum Verstecken und Kuscheln ein. Bitte achten Sie darauf, dass der Unterschlupf gut zu reinigen und stabil ist.

schlafsäcken oder Hängematten. Letztere gibt es im Zoofachhandel. Sie können sie aber auch leicht selbst herstellen, wenn Sie die vier Ecken eines Tuches zum Beispiel mit Schnürsenkeln zusammenknoten und damit am Gitter befestigen.

Als Schlaftücher eignen sich beispielsweise ausrangierte Sweatshirts, zerschnittene Bettwäsche, Babydecken oder Selbstgenähtes aus Teddystoff. Auf keinen Fall dürfen Sie fadenziehende Frotteehandtücher verwenden, weil die Tierchen mit den Krallen hängen bleiben und sich diese ausreißen können.

Hinweis Bitte beachten Sie, dass eine einzelne große Decke in einem Schlafhaus ungünstig ist, da sich die ungestümen Tierchen beim Aussteigen darin verfangen können, wenn die Decke das Ausstiegsloch verstopft.

› Mehrere Versteckmöglichkeiten, wie eine Pappschachtel, die Sie mit knisterndem Material, etwa zusammengeknülltem Zeitungspapier oder Verpackungspolstermaterial, füllen, zukleben und mit zwei Einstiegslöchern versehen. Auch ein Raschelsack für Katzen, der innen mit knisternder Folie ausgekleidet ist, leistet gute Versteckdienste.

› Als Röhren zum Klettern und Durchflitzen eignen sich zum Beispiel geriffelte Dränageröhren aus dem Baumarkt. Sie sollten mindestens zwölf Zentimeter Durchmesser haben. Der Zoofachhandel bietet auch geeignete Spieltunnel für Katzen.

› Wenn möglich, stellen Sie je Etage ein Katzenklo in eine Ecke. Als Streu eignet sich Klumpstreu am besten. Sobald das saugfähige Material mit Urin oder Kot in Berührung kommt, verklumpt es und lässt sich dann gut entnehmen.

› Einen stabilen Wassernapf aus einem Material, das sich gut reinigen lässt, stellen Sie auf den Käfigboden oder hängen ihn ans Gitter. Geeignet sind zum Beispiel Wassernäpfe für Papageien.

Achtung, **Fremdkörper**

TIPPS VON DER FRETTCHEN-EXPERTIN
Gisela Henke

Bis zu einem Alter von etwa zwei Jahren sind Frettchen gefährdet, sich einen Darmverschluss durch Aufnahme eines unverdaulichen Gegenstandes zuzuziehen.

WEICHE, GUMMIARTIGE DINGE wie eine Isomatte, Badeschlappen oder Gummispielzeug sind besonders beliebt. Erstere müssen Sie verräumen, bei Gummispielzeug sollten Sie darauf achten, dass Frettchen keine Teile abbeißen können, wenn sie darauf herumkauen.

GEHÖRSCHUTZSTÖPSEL sind das Highlight für Frettchen und üben selbst auf wesentlich ältere Tiere noch eine unwiderstehliche Anziehungskraft aus. Sie sollten deshalb in einem Frettchenhaushalt unbedingt tabu sein, denn irgendwann werden Ihre Tiere diese entdecken.

ACHTUNG Sollte Ihr Frettchen Symptome wie Fressunlust, Erbrechen, Bauchschmerzen (hochgezogene Flanken) und wenig Kotabsatz zeigen, liegt der Verdacht auf einen Fremdkörper sehr nahe. Gehen Sie dann unverzüglich mit Ihrem Tier zum Tierarzt und lassen es untersuchen.

> Einen stabilen Fressnapf aus leicht zu säuberndem Material stellen Sie in eine Ecke des Käfigs. Dafür eignen sich Näpfe für Hunde oder Katzen.
> Spielzeug (→ Seite 32/33).

Das Frettchen-Appartement

Ein Raum der Wohnung oder des Hauses ist für die Frettchen reserviert. Dieses Zimmer trennen Sie am besten mit einer Absperrung im Türrahmen ab, die circa einen Meter hoch sein sollte, sodass Sie darübersteigen, aber die Tierchen nicht entweichen können, wenn Sie nicht zu Hause sind.

Alles, was ich bei der Einrichtung des Käfigs aufgezählt habe (→ Seite 18/19), ist natürlich auch hier wichtig. Da Ihre Rabauken in einem eigenen Zimmer viel mehr Platz haben, können Sie bei der Einrichtung Ihre Fantasie spielen lassen und alle Ebenen einbeziehen. Auf Brettern an den Wänden können Sie Höhlen zum Kuscheln und Schlafen

Mit wenigen Handgriffen lässt sich ein Kaninchenkäfig frettchengerecht umgestalten – ob zur Schlafgelegenheit oder zur sicheren Reiseunterkunft.

oder Verstecken anbringen. Röhren oder Tunnel laden zum Rutschen und Klettern ein.

Schlafen Dazu bieten Sie Ihren Frettchen am besten mehrere kuschelige Baue an, in denen Sie die bereits auf Seite 18 und 19 erwähnten Schlafplätze einrichten. Als Schlafgelegenheit eignet sich zum Beispiel ein größerer Kaninchenkäfig (Zoofachhandel) mit Mindestausstattung (zwei Schlafhäuser, Hängematten oder Körbe, Katzenklo, Wassernapf zum Einhängen ins Gitter, Fressnäpfe). Er kann zwei bis vier Tieren auch als Reisekäfig dienen.

Wellnessheim im Freien

Frettchen lieben frische Luft, deshalb bietet sich auch eine Unterbringung in einer Voliere auf dem Balkon oder im Garten an. Da es im Handel kaum geeignete fertige Frettchenvolieren gibt, ist es sinnvoll, nach Ihren räumlichen Möglichkeiten selbst ein passendes Domizil anzufertigen oder eine gekaufte Voliere artgerecht umzubauen. Das Baumaterial entspricht dem für den Innenkäfig, doch die Abmessungen sind deutlich größer, damit Sie den Tieren auch eine Möglichkeit zum Buddeln anbieten können. Wenn die Voliere an das Haus angebaut ist, können Sie Ihren Frettchen einen freien Zugang vom Außendomizil zur Wohnung mittels einer Katzenklappe ermöglichen.

Standort Das Gehege darf nicht der direkten Sonneneinstrahlung ausgesetzt sein, das heißt, es darf nicht im Süden oder Westen des Hauses stehen – es sei denn, ein Baum spendet Schatten. Eine Markise reicht als Sonnenschutz nicht aus, denn darunter würde sich die Hitze eher stauen.

Bitte bedenken Sie, die Außenanlage ausbruchsicher zu gestalten, aber auch Ihre Tiere vor Einbruch und Diebstahl zu schützen. Da Frettchen tief graben (einen Meter und mehr), müssen Sie das Freiluft-

Das Frettchen hat in seinem Freigehege eine Planschmöglichkeit gefunden. Da die kleinen Baumeister jedoch fleißig buddeln, ist so eine kunstvoll gestaltete Idylle meist nicht von langer Dauer. Bieten Sie Ihren Unruhegeistern eine flache Wanne mit Wasser zum Erfrischen und Spielen an.

heim auch nach unten absichern. Dazu eignet sich am besten ein tief eingegrabenes Drahtgeflecht oder Sie lassen am Gehegerand Platten senkrecht in den Boden ein. Es kann begrünt und mit niedrigen Sträuchern bepflanzt werden.

Ausstattung Bei überwiegender Außenhaltung benötigen die Tiere einen vor Regen geschützten Bereich. Das heißt, Sie überdachen etwa die Hälfte der Voliere zum Beispiel mit Wellplastik oder Holz, mit Dachpappe abgedichtet und mit Rankpflanzen begrünt. Unter dem Dach findet eine gut isolierte, kombinierte Schlaf-Futter-Box ihren Platz. In dieser Box können Wasser und Futter durch die Körperwärme im Winter vor Einfrieren und im Sommer durch einen Vorhang vor Fliegen gesichert werden. Die weitere Ausstattung entspricht der ab Seite 18 bei der Innenhaltung beschriebenen. Verwenden Sie weder Heu, Stroh noch Rindenmulch, weil diese Materialien durch die Körperwärme schnell schimmeln. Besser sind Schlaftücher oder Decken.

Wo bekommt man Frettchen?

Zoofachhandel Sicher ist Ihnen schon aufgefallen, dass es kaum Zoofachhandlungen gibt, in denen Frettchen zu sehen sind. Das liegt daran, dass der Dachverband der Zoofachhandlungen, kurz ZZF, den ihm angeschlossenen Händlern untersagt hat, Frettchen zu verkaufen. Allerdings sind nicht alle Zoohändler Mitglied im ZZF, deshalb meine eingangs erwähnte Einschränkung »kaum«.
Wenn Sie dennoch Frettchen in einer Zoofachhandlung vorfinden, dann achten Sie vor allem darauf, wie die Tierchen gehalten werden. Unzumutbar wären beispielsweise Glaskäfige oder Sägespäne als Bodenstreu. Ein weiteres wichtiges Kriterium für einen kompetenten Zoofachhändler ist, ob er Ihre Fragen beantworten kann. Sind Sie Frettchenneuling, können Sie auch einen Experten zum Kauf mitnehmen. Er kann Ihnen vor Ort dann helfen, das für Sie passende Tier zu finden.

Züchter Der Kauf beim Züchter hat einige Vorteile. Hier können Sie sich die Elterntiere ansehen und die Umgebung beurteilen, in der die Jungtiere aufwachsen. Und wenn Sie Glück haben, dann gewährt Ihnen der Züchter auch häufigere Besuche, um das Aufwachsen »Ihrer« Jungtiere miterleben zu können. Lassen Sie sich vom Züchter den richtigen Umgang mit Frettchen zeigen, etwa wie Sie Ihren neuen Hausgenossen am besten hochheben,

In den ersten zwei Monaten werden noch wichtige Lektionen fürs Leben von der Mutter erteilt.

Nach acht bis zehn Wochen sind Frettchen alt genug, um die Welt allein erobern zu können.

wie und wie oft Sie die Krallen schneiden oder die Ohren reinigen sollten. Ein weiterer Vorteil des Züchters: Sie erfahren alles Notwendige über eine artgerechte Haltung und Ernährung. Adressen von Züchtern erhalten Sie über Vereine und Clubs (→ Adressen Seite 62).

Meist werden Sie beim Züchter einen Vertrag unterzeichnen, in dem Sie sich verpflichten, das Frettchen artgerecht zu halten und dem Züchter ein Besuchsrecht zu gewähren. Sehen Sie in diesem Besuch eher eine Hilfestellung als eine Kontrolle. Einem Züchter, der Ihnen auch nach dem Kauf mit Rat und Tat zur Seite steht, ist das Wohlergehen seiner Jungtiere wichtig. Kein Züchter möchte Ihnen Ihr Tier wieder abnehmen, solange Sie es artgerecht halten. Als Gegenleistung verpflichten sich die meisten Züchter, ein Tier wieder zurückzunehmen oder es weiterzuvermitteln, falls Sie es aus irgendeinem Grund wieder abgeben müssen.

Von privat Weitere Möglichkeiten, ein Frettchen zu erwerben, sind private Frettchenhilfen oder -vereine (→ Adressen Seite 62 oder Internet). Auch bei ihnen ist es inzwischen üblich, Verträge zum Schutz der Tiere abzuschließen. Darin sind ebenfalls die artgerechte Haltung, ein Besuchsrecht und, falls nötig, eine Weitervermittlung geregelt. Die Tiere werden zum Selbstkostenpreis abgegeben. Frettchenhilfen oder -vereine vermitteln Ihnen auch Adressen von anderen erfahrenen Frettchenhaltern, die während Ihres Urlaubs Ihre Tierchen pflegen. Diese Organisationen stehen Ihnen auch bei Problemen mit Beratungsgesprächen zur Seite und nennen Adressen von Tierärzten.

Tierheim Tiere, die Sie von dort übernehmen, sind meist Abgabe- oder Fundtiere, die tierärztlich gut betreut, in der Regel geimpft, kastriert und mit einem Kennzeichnungschip versehen sind.

Zwei balgende Kullerkekse üben für spielerische Kämpfe im späteren Leben. Deshalb entscheiden Sie sich bitte für mehrere Tiere.

Inserate Manchmal werden Frettchen zur Abgabe in Zeitungen und Tierzeitschriften angeboten. Allerdings können Sie nach dem Kauf dieser Tiere mit keiner größeren Unterstützung rechnen. Falls Sie ein Frettchenneuling sind, dann kann ich Ihnen diesen Weg, zu einem Frettchen zu kommen, nur empfehlen, wenn Sie sich von erfahrenen Frettchenhaltern beraten lassen können.

Wann kaufen?

Wenn Sie ein oder mehrere Jungtiere erwerben möchten, ist der Frühsommer die beste Zeit dafür, da die Jungen meist im Mai zur Welt kommen und noch mindestens acht bis zehn Wochen bei der Mutter bleiben sollten. Danach können Sie Ihre kleinen Racker zu sich holen.

Ältere Frettchen bekommen Sie in der Regel zu allen Jahreszeiten.

Die Qual der Wahl

Wenn Sie sich aus einer Gruppe von tobenden Kobolden »Ihr« ganz spezielles Frettchen aussuchen
sollen, wird Ihnen sicherlich die Wahl schwerfallen.
Meist ist es für ein späteres gemeinsames, harmo-
nisches Zusammensein günstiger, sich nicht auf
eine bestimmte Farbe oder ein Geschlecht festzu-
legen, sondern das Tierchen auszuwählen, das Ihnen vom Verhalten her am besten zusagt. Es sollte
ohne Scheu auf Sie zukommen und sich auf den
Arm nehmen lassen. Ist es Ihr erstes Frettchen, rate
ich Ihnen, gleich zwei Tiere zu nehmen, am besten
Geschwister, weil sie sich gut vertragen.

Ältere oder Jungtiere? Ruhigere, ältere Tierchen
empfehle ich Ihnen, wenn Sie noch keinerlei Frett-
chenerfahrung haben. Mit quirligen Jungtieren sind
Sie leicht überfordert. Die Ansicht, dass Jungtiere
zahmer werden, ist nicht richtig. Alle Frettchen aus
liebevoller Haltung sollten angenehme Hausgenossen sein. Es ist sogar eher möglich, dass Jungtiere
zwicken, wenn ihnen etwas nicht passt, vor allem
aber, wenn sie Hunger haben.

Jungtiere sind zum Abgabetermin bereits das erste
Mal geimpft. Die Wiederholungsimpfung beim Tierarzt vier Wochen später ist dann schon Ihre Aufgabe, ebenso eine Kastration im Alter von etwa
zehn Monaten (→ Seite 58). Bitte bedenken Sie
deshalb beim Erwerb eines Jungtiers, dass zum
meist hohen Anschaffungspreis noch weitere Kos-
ten auf Sie zukommen.

Neuzugang Haben Sie bereits ein Frettchen, dann
sollten Sie ein Tierchen bevorzugen, das sich mit
dem anderen Frettchen verträgt. Am besten wäre
es, wenn Sie dann Ihr Tier zum Kauf mitnehmen
und dieses entscheiden lassen. Geschlecht und
Fellfarbe des neuen Partnertiers sind unerheblich,
entscheidend ist die Sympathie. Berücksichtigen
Sie aber bitte, dass der Altersunterschied nicht
allzu groß sein sollte. Ein älteres Frettchen würde
bald von einem Jungtier überfordert sein, und das
Jungtier würde sich langweilen. In diesem Fall wäre
es günstiger, wenn Sie sich für zwei Jungtiere entscheiden, damit diese gemeinsam toben können
und das ältere Frettchen als Rudelführer haben.

Weibchen oder Männchen Welches Geschlecht
Sie wählen, hat keinen Einfluss auf Ihre spätere
gute oder schlechte Beziehung. Auch für die Ein-
gliederung in ein Rudel ist es unerheblich, für wel-

Ein aufmerksam schauendes und gesundes Frettchen,
startbereit für ein neues Zuhause.

In dieser gut ausgestatteten Transportbox aus dem Fachhandel lassen sich kleine Ausbrecherkönige sicher nach Hause oder zum Tierarzt bringen.

Beim Kauf bitte beachten

VERHALTEN Das Frettchen sollte Sie und alles Neue munter und neugierig erkunden.

AUSSEHEN Die Augen müssen groß sein und dürfen nicht tränen, die Ohren sollten aufmerksam nach vorn gerichtet sein. Sauberes Fell, Pfoten und Ohren sind selbstverständlich.

SYMPATHIE Bitte suchen Sie »Ihr« Tier nicht nach einer bestimmten Fellfarbe aus, sondern nach Sympathie. Kaufen Sie ein Frettchen auch nicht spontan oder aus Mitleid.

ACHTUNG Halten Sie ein fremdes Frettchen nie vor das Gesicht! Das Tier könnte dies als Bedrohung empfinden und Sie schmerzhaft in Lippe oder Nase beißen.

ches Geschlecht Sie sich bei Ihren Neuzugängen entscheiden. Bedenken Sie aber, dass Fähen lebhafter sind als Rüden.

Hinweis Es kann sein, dass bei der Auswahl einer der Räuber mal zwickt, weil ihm Ihr Geruch oder Ihr Verhalten dem Frettchen gegenüber nicht gefällt. Solange Sie dabei nicht heftig gebissen werden, muss es nicht unbedingt heißen, dass Sie beide nie Freunde werden könnten. Es spricht also nichts gegen den Kauf dieses Frettchens.

Der Weg nach Hause

Für den Transport nach Hause eignet sich eine stabile Transportbox für Katzen, genannt Kennel, da Frettchen wahre Meister im Ausbrechen sein können. Eine Pappschachtel oder Reisetasche wäre deshalb nicht ausreichend. Sie können aber ebenso einen größeren Kaninchenkäfig als Reise- und Transportunterkunft verwenden (→ Seite 20). Beide erhalten Sie im Zoofachhandel.

Statten Sie die Box am besten mit einer dicken Lage Zeitungspapier aus, knüpfen Sie ein Tuch in Form einer Hängematte in die Verstrebung und hängen Sie einen Napf mit Wasser an das Gitter. So ausgestattet können Sie je nach Größe der Box und Sympathie der Tiere untereinander bis zu drei Frettchen bequem in ihr neues Zuhause bringen. Die bestimmt sehr aufgeregten Tiere können auf dem Transport in einer derartig ausgestatteten Box ihren Durst stillen und ihr Geschäftchen auf der Zeitung verrichten. Eine Handvoll leckeres Trockenfutter »versüßt« die Trennung von den vertrauten Gefährten. Trotzdem ist es möglich, dass die Tierchen während der ganzen Fahrt am Gitter kratzen. Diese Transportbox eignet sich auch für den irgendwann notwendigen Gang zum Tierarzt oder für die Reise in ein Urlaubsdomizil.

So klappt der Start im neuen Heim

Nun erwartet Ihre neuen Pfleglinge bereits ein lie-
bevoll eingerichtetes Heim. Mehrere Sorten Futter,
frisches Wasser und zwei bis drei saubere Katzenklos haben Sie an verschiedenen Stellen bereitge-
stellt. Schlafplätze mit Kuscheldecke, verschieden
gestaltete Versteckmöglichkeiten und Hängematten
warten darauf, bezogen zu werden.

Frettchen eingewöhnen

Stellen Sie die Transportbox auf den Boden, und
öffnen Sie das Tor in ein neues Frettchenleben. Je
nach Temperament und Alter werden sich die Tiere
bedächtig ihre neue Umgebung erobern oder völlig
abgedreht anfangen zu toben und zu hüpfen.

Die Eingewöhnung erleichtern

GEWOHNTES FUTTER Zur Eingewöhnung ist es
am günstigsten, wenn Sie wissen, welches Futter
Ihr Frettchen bevorzugt. Ältere Tiere lassen sich nur
schwer an neues Futter gewöhnen. Sie würden als
sture Nahrungsspezialisten lieber vor einem vollen
Fressnapf verhungern, als etwas fressen, was sie
nicht kennen. Bitte fragen Sie den Vorbesitzer
immer ganz genau, was er dem Tier verfüttert hat.
Dagegen probieren Jungtiere gern Neues aus.

UNTERSCHIEDLICHES FUTTER Bedingt durch
die neue Umgebung und den Stress der Umgewöh-
nung können Frettchen in der ersten Zeit die Nahrung verweigern. Bieten Sie dann verschiedene
Sorten Futter an: mehrere Trocken- und Nassfut-
tersorten, Frischfleisch oder Babygläschen.

Temperamentbündel Bitte bekommen Sie keinen
Schreck, wenn Jungtiere plötzlich und unvermittelt
wie verrückt durch das Zimmer flippen. Es kann
sein, dass sie mit dem Kopf hin- und herschlagen,
sich hüpfend drehen und wenden und dabei gockernde Geräusche von sich geben. Dies ist ein Zei-
chen, dass sie sich wohlfühlen, gesund sind und
Sie eine artgerechte Frettchenwelt gezaubert haben, die genau dem Geschmack der kleinen Polter-
geister entspricht. Die Eingewöhnung der kleinen
Rabauken verläuft in der Regel problemlos. Dafür
müssen Sie sich damit abfinden, dass die »heile
Menschenwelt« etwas auf den Kopf gestellt wird.
Hat sich Ihr neuer Hausgenosse ausgetobt und sein
Revier erkundet, wird er sich hungrig auf das Futter
stürzen und sich danach schlafen legen oder den
Rest seines Heims inspizieren wollen. Sie brauchen
keine Angst zu haben, ihn dort nicht mehr zu finden. Nach einem ausgedehnten Schläfchen wird er
seinen Fressplatz zielsicher wieder aufsuchen.

Schüchternes Frettchen Ist das Tierchen ängstlich oder schüchtern, dann nehmen Sie es bitte vorsichtig aus der Box, da es aus Angst beißen könnte.
Sie können aber auch die geöffnete Transportbox
im Frettchenheim auf den Boden stellen und warten, bis der Neuling zur Ruhe gekommen ist und
die Box von selbst verlässt. Etwas Futter wird ihn
herauslocken. Doch bei jedem ungewohnten Geräusch wird er sofort wieder in die Box flüchten.
Es wird einige Tage dauern, bis sich ein ängstliches
Frettchen eingewöhnt hat und ohne Scheu sein
neues Heim inspiziert. Leben bereits andere Frettchen in Ihrem Haushalt, erleichtert dies die Eingewöhnung – vorausgesetzt, die Tiere vertragen sich.

Das junge Fellbündel muss erst lernen, dass von Händen keine Gefahr ausgeht. Dies ist wichtig, damit es sich zutraulich von Ihnen greifen lässt.

Mit der Zeit lernt der Kleine zudem, dass man mit dieser Hand super spielen kann; aber auch, dass er nicht so fest zwicken darf wie bei Artgenossen.

Die ersten Tage

Bitte lassen Sie Ihren Frettchen Zeit, ihre Umgebung zu erkunden. Drängen Sie sich ihnen nicht auf. Warten Sie ruhig, bis die Tierchen von selbst Kontakt aufnehmen, um mit Ihnen zu spielen. Nach einigen Tagen werden Sie nicht nur wissen, wo die Lieblingsschlaf- und Versteckplätze sind, sondern auch ihr Verhalten kennen.

Schlaf Dabei wird Ihnen auffallen, dass Ihre emsigen Räuber viel und lange schlafen. Sie stehen häufig nur kurz auf, um die nähere Umgebung abzuchecken und sich einen anderen Schlafplatz zu suchen. Das Ruhen ist wichtig, denn die Racker müssen ja fit sein für ihre große Erkundungstour, die sie drei- bis viermal täglich durch ihren gesamten Wohnbereich führt. Es scheint zwar, als ob Dösen eine der liebsten Frettchenbeschäftigungen wäre, aber als aufmerksamer Frettchenhalter lernen Sie zu unterscheiden, ob es sich um normale Aktivitätspausen Ihres gesunden Lieblings handelt oder ob eher eine Unpässlichkeit vorliegt.

Aktivitätsphasen Sie sind sowohl in der Länge als auch in der Häufigkeit nicht nur vom Alter, sondern auch vom Wetter (selbst bei reiner Wohnungshaltung), von den Fütterungszeiten und der Laune beziehungsweise allgemeinen psychischen Verfassung der Tiere abhängig. Natürlicherweise nimmt die Unternehmungslust der Frettchen zum Herbst hin ab und wird im Frühjahr wieder intensiver. Dafür wird zum Winter hin deutlich mehr gefressen und, sobald die Tage länger werden, der Winterspeck wieder abgebaut. Bewegungsfreudigkeit und Futteraufnahme bedingen auch Gewichtsschwankungen, so bremst höheres Gewicht den Eifer der Tiere. Sie können davon ausgehen, dass Jungtiere mehr Schabernack im Kopf haben als ältere Tiere. Sie sind noch voller Ideen, was sie so alles anstellen könnten. Hungrige Geister können beispielsweise extrem aktiv und unleidlich, zum Teil sogar bissig werden. Selbst wenn der Futternapf voll ist, aber nicht das Lieblingsfutter enthält, drängeln sie zur Fütterungszeit mit Nachdruck.

Frettchen stubenrein machen

Stubenreinheit kann trainiert werden. Dafür kann man sich die Tatsache, dass Frettchen rasch »müssen«, wenn sie wach werden, zunutze machen. Das heißt, dass Sie Ihr Frettchen dann aus dem Schlafhäuschen holen und auf eine Katzentoilette setzen.

An das Katzenklo gewöhnen Wenn sich Frettchen während des Spielens unruhig mit erhobenem Schwanz rückwärtsbewegen, werden sie bald ein Häufchen absetzen. Nehmen Sie das Tierchen dann sofort hoch, klappen sein Schwänzchen unter den Bauch und tragen es schnell zu einem Klo.

Wenn Sie Glück hatten, war es der richtige Zeitpunkt, und das Frettchen erledigt sein »Geschäftchen«. Dann hat es überschwängliches Lob oder eine Belohnung in Form eines Leckerbissens verdient. Es kann aber auch sein, dass der kleine Clown voller Begeisterung wieder heraushüpft und sich für die zusätzliche Spieleinlage bedankt. Beim nächsten Mal wird es dann aber klappen!

Wichtig ist, dass Sie ausreichend Klos aufgestellt haben. Die besten Standorte dafür sind Ecken aller Räume, die die Frettchen betreten dürfen. Wenn Sie merken, dass Ihr Tier immer wieder eine Ecke ohne Katzenklo als »Löseplatz« aufsucht, stellen Sie nach Möglichkeit dort ebenfalls eine Klowanne auf.

Wieder unsauber? Selbst wenn ein Frettchen regelmäßig ein Klo benutzt, kann es immer wieder passieren, dass mal »etwas« mitten auf den Teppich oder in eine Ecke, in der kein Klo steht, geht. Oft nehmen sie sich nämlich nicht die Zeit, um für ihr Geschäft eines der Katzenklos aufzusuchen. Es gibt aber noch weitere Gründe:

› Vor der Geschlechtsreife und während der Ranz markieren die Frettchen mit Kot und Harn ihre Umgebung, vor allem Erhebungen oder Vorsprünge. Hier schafft die Kastration, die aus medizinischen Gründen zu empfehlen ist (→ Seite 58), Abhilfe. Allerdings zeigen im Frühjahr häufig selbst kastrierte Tiere dieses Verhalten.

› Frettchen, die bereits stubenrein waren, können wieder unsauber werden, wenn Unruhe in der Gruppe herrscht. Gründe dafür können zum Beispiel unbekannte Gastfrettchen oder die längere Abwesenheit des Besitzers sein.

Eine unbedacht abgestellte Zimmerpflanze ist schnell Opfer eines Tiefbaumeisters geworden.

Kann man Frettchen erziehen?

Nach einigen Tagen Eingewöhnung werden Ihnen Ihre lebhaften pelzigen Freunde zeigen, was alles noch nicht frettchensicher ist. Vielleicht haben sie einen Weg ins Blumenfenster gefunden, das CD-Regal ausgeräumt, die Brille geklaut oder Schuhe unter dem Schrank versteckt. Sobald Frettchen drei bis vier Jahre alt sind, stellen sie nicht mehr so viel an. Doch bis die vor übereifrigem Tatendrang berstenden Jungtiere ruhiger werden, können Sie nur Abhilfe schaffen, indem Sie unerlaubte Objekte der Frettchenbegierde unerreichbar wegräumen.

Mit Leckerbissen oder ihrem Lieblingsspielzeug können Sie Ihre Frettchen trainieren, auf einen bestimmten Pfiff oder Locklaut oder einen Namen zu reagieren, indem Sie beides kombiniert einsetzen.

Vor allem zur Fütterungszeit reagieren die Tiere besonders freudig auf Ihre Lockrufe.

Manche Frettchen können beim Spiel sehr grob werden. Bremsen Sie dies bitte aus, indem Sie laut »Au« sagen und das Spiel kurzfristig unterbrechen und die Tiere ignorieren. Lenken Sie danach den Übermut von der Hand auf einen Gegenstand um. Selbst kleine Monster lernen so, dass in Hände nur vorsichtig gezwickt werden darf. Das ist vor allem wichtig, wenn kleine Kinder im Haushalt leben.

Erziehungsmaßnahmen wie Wasser aus einer Blumenspritze werden von den Kobolden eher als belustigendes Spiel angesehen. Einsperren in den Käfig würde, wie bereits auf Seite 7 beschrieben, eher das Gegenteil bewirken. Sie sehen, Frettchen erziehen ihre Besitzer, nicht umgekehrt.

Was **Frettchen** uns **zu sagen haben**

LAUTE	SO KLINGT ES	BEI WEM ODER WANN ZU HÖREN?
NESTGEZWITSCHER	leise fiepsende Töne	bei zufriedenen neugeborenen Welpen
MUCKERN	ein lang gezogenes Göög Göög	bei zufriedenen Frettchen, vor allem bei Jungtieren
GOCKERN	wie Muckern, nur schneller und kürzer	bei aufgeregten Frettchen, die ihre neue Umgebung oder ein neues Tier kennenlernen
FAUCHEN	kurz und rau	bei Meinungsverschiedenheiten untereinander
QUIEKEN	laut, ähnlich einem Ferkel	bei heftigen Streitereien
KECKERN	wie Qieken, aber heller und lauter	bei leichtem Schmerz, z. B. eingeklemmter Schwanz
BELLEN	kurzer, schriller Schrei	bei Erschrecken und Angst, meist mit Entleeren der Analdrüse
SCHREIEN	lang anhaltend, durchdringend	bei starken Schmerzen, das Tier ist meist bereits nicht mehr bei Sinnen

Frettchens Alltag

Eine Rasselbande Frettchen im Haus, und Sie können getrost den Fernseher ausgeschaltet lassen. Denn egal, ob Frettchen miteinander balgen, ob sie mit Ihnen hemmungslos spielen oder Ihre Wohnung durcheinanderbringen – es ist immer etwas los.

Beschäftigung für Frettchen

Wenn Frettchen gerade einmal nicht schlafen, dann sind sie voll Tatendrang in ihrem Reich unterwegs. Alles wird untersucht und auf seine »Bespielbarkeit« getestet. Und wenn dann noch ein oder mehrere Artgenossen mit von der Partie sind, geht es richtig rund. Mensch, Hund oder Katze sind lediglich Ersatzpartner, auch wenn das Spiel mit ihnen ebenfalls großen Spaß macht. Ich möchte damit noch einmal wiederholen, wie wichtig es für Frettchen ist, im Rudel zu leben. Sollten Sie, aus welchen Gründen auch immer, nur ein einzelnes Tier halten, dann müssen Sie sich ganz besonders darum kümmern und ihm Ihre Familie als Ersatzrudel bieten. Denn ein einsamer, in einen Käfig oder ein Gehege abgeschobener pelziger Hausgenosse wird psychisch vereinsamen, er baut geistige und körperliche Fähigkeiten ab. Eine derartige Haltung wäre nicht artgerecht, sondern Tierquälerei.

Wie Sie mit Frettchen spielen können

Wenn Sie regelmäßig jeden Tag mit Ihren Frettchen spielen, werden sie aufgeregt an der Käfigtür warten, sobald Sie sich nähern. Und wenn Sie die Tür geöffnet haben, »bedankt« sich die Rasselbande mit einem filmreifen Freudentanz. Womit können Sie nun Ihren Rabauken eine Freude machen?

Fangspiele Wenn Sie Katzenspielzeug wie eine Fellmaus an einem Stöckchen mit Kordel, eine Papprolle oder ein altes Handtuch auf dem Boden vor den Frettchen herziehen oder baumeln lassen, werden sie sich mit Begeisterung daraufstürzen. Im Zoofachhandel finden Sie viele Anregungen für geeignetes Fangspielzeug. Oder Sie versuchen selbst, das Frettchen zu fangen. Dabei werden Sie erstaunt feststellen, wie wendig diese Tierchen sind ...

Körperkontakt Haben Sie ein Frettchen gefangen oder mit etwas Leckerem zu sich gelockt, kann sich eine Knuddelrunde an das Fangspiel anschließen. Frettchen lieben es, wenn Sie sie auf den Rücken drehen und ihnen den Bauch kraulen oder wenn Sie die Fellbündel durchknuddeln.

Achtung Dabei können die Rabauken vor Begeisterung heftig in Ihre Hand zwicken (→ Seite 29).

Womit sich Frettchen selbst beschäftigen

Mit der Zeit lernen Sie die Spielgewohnheiten Ihrer Racker genauer kennen, dann werden Sie beim Stöbern in Zoofachgeschäften, im Internet auf Seiten des Fachhandels, aber auch auf Flohmärkten oder bei Ihren Spaziergängen draußen Dinge entdecken, die das Interesse Ihrer Frettchen wecken können.

Höhle oder Tunnel Lieblingsbeschäftigung der meisten Frettchen ist, sich zu verstecken oder eine Höhle zu erkunden. Dies haben sie vom Iltis beibehalten, der bei der Nahrungssuche oft in die Baue seiner Beutetiere schlüpft. Eine Pappschachtel, gefüllt mit Knistermaterial (→ Seite 19), werden Ihre Freunde im Sturm erobern. Das gilt auch für Kletterröhren (Dränagerohre aus dem Baumarkt), die Sie auf den Boden legen können. Durch Erhitzen mit einem Heißluftföhn können Sie die Rohre immer wieder anders verformen. Die Röhren können Sie aber auch an einer Seite mit Plastikstrapsen an Etagenbrettern befestigen, das andere Ende liegt auf dem Boden. Auf diese Weise dienen sie nicht nur zum Klettern, sondern manchmal auch als Rutschbahn.

Punchingball Füllen Sie einen Socken mit Stoffresten und verstecken Sie darin einen klappernden oder klingelnden Gegenstand. Das Ganze befestigen Sie mit einem Gummiband am Türrahmen.

Ballspiele Im Zoofachhandel gibt es große Bälle mit weiten Öffnungen, in die Ihre Racker hineinschlüpfen können und die dabei weiterrollen. Kleinere Bälle mit Öffnungen lassen sich mit Trockenfutter füllen. Ihre Frettchen werden geduldig versuchen, die Leckerbissen herauszuangeln.

Musik Alles, was Töne von sich gibt, ist begehrt: ob Hartgummitier, das beim Hineinbeißen quietscht, oder Überraschungsei, das beim Herumrollen klingelt, weil Sie ein Glöckchen darin versteckt haben.

Das Fangen und Wegschleppen eines klingelnden, klappernden oder knisternden Gegenstands ist selbst bei alten Frettchen noch ein beliebtes Spiel!

Gut gesichert mit Geschirr und Leine macht so ein Ausflug Spaß. Manch ein Frettchen lässt sich aber lieber spazieren tragen.

Mit Frettchen **spazieren gehen**

Dazu brauchen Sie ein Geschirr (Zoofachhandel), bestehend aus einem Halsband, das mit einem Brustriemen verbunden ist, und einer Leine.

1. SCHRITT Legen Sie das Geschirr in das Frettchenheim, damit sie es kennenlernen können.

2. SCHRITT Legen Sie den Tierchen das Geschirr beim Freilauf oder bei der Fütterung an. Dann verbinden sie Positives damit. Das Geschirr darf weder zu fest sitzen, sonst behindert es die Atmung, noch zu locker, weil sich die Tiere sonst befreien.

3. SCHRITT Sobald die Frettchen das Geschirr akzeptieren, können Sie Ihre Kobolde angeleint mit hinausnehmen, wo sie je nach Naturell buddeln, laufen oder sich verstecken.

Buddeln Füllen Sie eine mindestens 120 × 50 Zentimeter messende Plastikblumenkiste mit Erde, Holzwolle oder Zeitung. Ihre Frettchen werden sich sofort darübermachen und ihren angeborenen Trieb zum Graben und Schnüffeln austoben.

Herumtragen Lochbälle aus Plastik oder Plüschtiere können herumgetragen und versteckt werden. Spaß machen auch Tischtennisbälle, die zu groß sind zum Tragen und deshalb immer wieder klackernd auf den Boden springen.

Wasserspiele Stellen Sie eine flache Wanne mit Wasser und Spielzeug darin auf den Balkon oder in das Bad. Ihre kleinen Marder werden gern darin planschen und versuchen, das Spielzeug zu »retten« oder durch Ausatmen unter Wasser Blubberblasen zu erzeugen.

Dies waren ein paar Vorschläge für Spielideen. Ihrer Fantasie sind keine Grenzen gesetzt. Achten Sie nur darauf, dass die Racker keine Teile abbeißen und verschlucken können (→ Tipp Seite 19).

Hinweis Immer das gleiche Spielzeug ödet Frettchen an, und sie suchen Ersatz. Deshalb rate ich Ihnen, alle zwei bis drei Tage Spielzeug wegzuräumen und anderes hervorzuholen.

Wichtig: Freilauf

Für eine artgerechte Haltung ist es notwendig, dass die Frettchen, egal, ob sie im Käfig oder in einem eigenen Raum leben, mehrmals am Tag mehrere Stunden frei laufen können. Das könnte so aussehen, dass Sie nach dem Aufstehen die Tür zum Käfig oder Frettchenzimmer öffnen. Während Sie alle notwendigen Pflegemaßnahmen durchführen (→ Seite 52), können sich die Tierchen in der Wohnung austoben. Nur wenn Sie die Wohnung für längere Zeit verlassen, sollten Sie die Rabauken wieder in ihr Spielzimmer einsperren.

Frettchen richtig integrieren

Frettchen für Kinder?

Frettchen und Kinder können die besten Freunde werden, wenn die Tiere nicht bereits schlechte Erfahrungen mit Kindern gemacht haben. Bei allem muss Ihnen aber bewusst sein, dass Sie als Eltern die Frettchenbesitzer sind und dass allein bei Ihnen die Verantwortung für die Tiere liegt.

Das heißt aber auch, dass Sie Frettchen nie Ihren Kindern zum Geburtstag oder zu Weihnachten schenken dürfen. Denn Frettchen sind keine Tiere ausschließlich für Kinder, sie sollen der ganzen Familie »gehören«, und alle kümmern sich darum.

Den richtigen Umgang erklären Bitte leiten Sie Ihre Kinder zu einem liebevollen, artgerechten Umgang mit den pelzigen Hausgenossen an. Informieren Sie sie über die Lebensweise der Frettchen und was alles zur artgerechten Pflege gehört. Und erklären Sie ihnen, dass diese Tierchen zwar gern spielen und toben, dass sie aber kein Spielzeug sind. Das heißt, dass Ihre Kinder beim Spielen mit Frett-

Bitte leiten Sie Kinder zum artgerechten Umgang an, denn sie können sich einerseits fantasievolle neue Spiele, andererseits aber leider auch gewagte Experimente ausdenken.

chen in ihren Aktivitäten nicht übertreiben dürfen. Ältere Kinder können Sie in Ihrem Beisein dazu anhalten, schon ein paar Pflichten zu übernehmen, etwa das Katzenklo zu säubern, Futter- und Wassernäpfe zu reinigen. Auch kleinere Kinder können unter Ihrer Anleitung schon ein bisschen mithelfen. Dabei müssen Sie aber immer in der Nähe sein, denn wenn sie mit der Verantwortung allein gelassen werden, sind sogar ältere Kinder oder auch Jugendliche noch überfordert.

Kleinkinder und Säuglinge dürfen Sie bitte nur unter Aufsicht mit den domestizierten Mardern zusammen lassen, da Babygeruch, weiche Haut und Hautcremes Frettchen unwiderstehlich anziehen und sie heftig zubeißen können.

Achtung Dringend abraten möchte ich Ihnen, Ihre Kinder mit dem Frettchen an der Leine allein spazieren gehen zu lassen. Die Gefahr, dass die neugierigen und geschickten Gefährten sich aus dem Geschirr winden und dann entweichen, ist zu groß. Und draußen kommen entlaufene Frettchen nicht zurecht. Auch Erwachsenen können Frettchen entwischen, doch sie werden eher erkennen, wann sich das Tierchen aus dem Geschirr windet, und dann rechtzeitig eingreifen.

Frettchen und andere Heimtiere

Frettchen können zwar dem Menschen gegenüber zahm und zutraulich werden, als kleine Raubtiere behalten sie aber ihren Jagdtrieb immer bei. Das müssen Sie bitte bedenken, wenn Sie Heimtiere halten und sich Frettchen anschaffen wollen oder umgekehrt Frettchen halten und noch einen Vogel, Hund oder eine Katze möchten.

Frettchen und kleine Heimtiere Ob Wellensittich, Kanarienvogel, Meerschweinchen oder Goldhamster, Frettchen werden Jagd auf sie ma-

Ihre **Frettchen** und **Kinder**

TIPPS VON DER FRETTCHEN-EXPERTIN
Gisela Henke

Ihre Kinder und Frettchen können begeisterte Spielpartner sein, denn Kindern fallen noch viel mehr Spielmöglichkeiten ein, die Frettchen Spaß machen könnten. Die Fantasie von Kindern ist grenzenlos, und die quirligen Stubenmarder lassen sich immer wieder gern animieren.

Da Sie als Frettchenbesitzer aber die Verantwortung für die Tierchen übernommen haben, beachten Sie bitte folgende Punkte:

ALTER Da jedes Kind anders reagiert, ist es schwierig, ein konkretes Alter zu nennen, ab dem Kinder verantwortungsbewusst mit Frettchen umgehen können. Das können Sie als Eltern besser entscheiden, wenn Sie Ihre Kinder beim täglichen Umgang mit den Tieren unter Ihrer Aufsicht genau beobachten.

RESPEKT Die Kinder müssen den Tieren ihre verdiente Ruhe gönnen, wenn diese keine Lust mehr zum Spielen haben. Dies ist auch zum Wohl der Kinder wichtig, da sich die Spielgefährten sonst beißend wehren. Schlafende Tiere dürfen Kinder nicht mutwillig aufwecken, beim Spielen die Tiere nicht grob anfassen oder gar ärgern.

chen. Trennen Sie die Tiere räumlich und zeitlich. Damit meine ich, dass die Käfige der von den Frettchen anvisierten Kleintiere in einem Raum stehen, zu dem Ihre Kobolde keinen Zugang haben. Außerdem muss deren Freigang zeitlich versetzt zu dem der Frettchen sein. Bitte warnen Sie auch Ihre Kinder, keine Experimente in dieser Hinsicht zu wagen.

Frettchen, Hund und Katze Sie werden meist keine Schwierigkeiten haben, Hund oder Katze und Frettchen aneinander zu gewöhnen. Die Tiere »sprechen« zwar unterschiedliche Sprachen, aber sie lernen es, sich gegenseitig zu verstehen. Je nach Alter der Tiere gehen Sie dann anders vor:

› Sind alle noch Welpen, wachsen sie zusammen auf und gewöhnen sich am besten aneinander.

› Ist der Hund oder die Katze noch klein (bis zur 16. Lebenswoche), dann betrachten ältere Frettchen diese als Beute, denn die Jungtiere – egal, welche Rasse – wehren sich nicht. Bitte trennen Sie die Tiere in dieser Phase. Sobald die Welpen älter sind, können sie sich gegen die übermütigen Attacken der kleinen Marder wehren oder flüchten.

› Kommen Frettchen als Welpen oder als sehr alte Tiere in eine Familie, in der bereits Hund und/oder Katze leben, können sie sich zu Beginn vor den »riesigen« Monstern erschrecken, das heißt, die Frettchen stoßen einen Schreckensschrei aus, entleeren ihre Analdrüse und setzen ein Angsthäufchen auf dem Teppich ab. Sind Hund oder Katze nicht zu temperamentvoll, werden Sie es mit Geduld schaffen, auch diese zu gleich gesinnten Freunden werden zu lassen. Nehmen Sie Ihren Hund bei der Kontaktaufnahme vorsichtshalber an die Leine. Verhindern Sie aber, dass das Frettchen zu frech und aufmüpfig wird.

Katze und Frettchen werden meist keine Probleme miteinander haben. Das gilt auch für viele Hunde. Allerdings kann eine Zusammenführung mit Hunden, die sehr gern jagen, schwierig werden.

Wenn Sie mit Ihrem Frettchen an der Leine spazieren gehen, lässt sich ein Zusammentreffen mit fremden Hunden kaum vermeiden. Meist werden diese dann neugierig herankommen und schnüffeln wollen. Reagiert das Frettchen unerschrocken, werden sich die Hunde häufig überrascht zurückziehen. Doch es ist auch schon vorgekommen, dass ein Hund dann angriff. Fragen Sie am besten den Besitzer des Hundes, wie sein Vierbeiner mit kleinen Tieren umgeht, bevor es zu einem Schnauzenkontakt der Tiere kommt.

Falsch wäre es, das Frettchen an der Leine abrupt hochzureißen, da es dann für einen Hund erst recht interessant wird und er eventuell in Ihren Arm schnappen könnte. Sollte wirklich ein bedrohlich wirkender Hund auf Sie zustürmen, dann rate ich

Gemeinsames Fressen aus einem Napf kann Vertrauen fördern, aber auch Rangordnungskämpfe.

Ihnen, dass Sie Ihr Frettchen rechtzeitig am besten unter der Jacke verstecken.

»Stänkernde« Frettchen Meistens ist es so, dass Ihr Frettchen immer wieder hartnäckig versuchen wird, die größeren Gefährten herauszufordern, intensiv zu beschnuppern und auch bestimmt in Pfoten oder Nase zu zwicken. Bitte reagieren Sie jetzt nicht falsch und maßregeln Sie nicht Hund oder Katze, wenn sie sich zur Wehr setzen. Frettchen finden schnell heraus, dass sie sich alles erlauben können und dann auch noch in Schutz genommen werden. Es entsteht eine trügerische Sicherheit für die Frettchen und eine unberechenbare Anspannung bei den anderen Tieren. Bitte beachten Sie: Meist fangen die Frettchen an zu »stänkern«. Verläuft eine Begegnung zwischen Ihrem Frettchen

1 FRETTCHEN UND KATZE Katzen lassen sich gern zum wechselseitigen Jagdspiel anregen. Wenn es ihnen zu viel wird, dann werden sie auf Tisch oder Schrank springen und von oben herunter mit der Pfote nach den Verfolgern hauen. Ein Frettchen wird sich eine zu temperamentvolle Katze mithilfe seiner Analdrüsen und schreiend vom Leib halten oder unter den Schrank flüchten.

2 FRETTCHEN UND HUND Aneinander gewöhnt, können Hunde gut Freund mit Frettchen werden und ausdauernd mit ihnen spielen. Manche schleppen sogar »ihre« Frettchen wie Welpen hin und her. Jüngere Hunde lassen sich wie Katzen zum Jagdspiel animieren. Wird ein Frettchen zu übermütig, wird der Hund als Gegenwehr die Zähne fletschen, knurren oder kläffen.

3 FRETTCHEN UND VÖGEL Kleine Vögel stehen auf der Beuteliste des Iltisses, deshalb wird auch das Frettchen Wellensittiche oder Kanarienvögel jagen. Die geschickten Kletterer werden einen Weg zum Käfig der Vögel finden. Um unnötigen Stress sowohl für die potenziellen Opfer als auch für Sie und die Frettchen zu vermeiden, sollten Sie die Tiere räumlich trennen.

und Ihrem Hund bzw. Ihrer Katze als normale Auseinandersetzung, wobei sich die Tiere gegenseitig wehren, dann sollten Sie als Besitzer nicht eingreifen, um das gegenseitige Verstehenlernen nicht zu verhindern. Eine dauerhafte Trennung wird nur in seltenen Fällen notwendig sein, etwa wenn ein Frettchen zu penetrant stänkert und bevor sich die angestaute Wut eines geplagten Hundes oder einer gepiesackten Katze zum Schaden der dann unterlegenen Frettchen schließlich entladen könnte. Ein Hund kann ein Frettchen töten.

Hallo, ich bin der Neue

Sie haben bereits ein oder mehrere Frettchen und wollen noch eines dazu, sei es, weil ein Tier gestor-

Durch ihr ausgelassenes Herumtoben zeigen diese beiden Jungtiere, dass sie sich gut verstehen und zusammen Spaß an ihrer kleinen Frettchenwelt haben.

ben ist oder weil Sie Ihrem Einzeltier einen Artgenossen zugesellen möchten. Damit dies klappt, müssen Sie die Tierchen aneinander gewöhnen. Was sich bei einer Begegnung zweier Frettchen abspielt, hängt von den Vorerfahrungen der Tiere ab. So wird ein Frettchen, das keine weiteren Frettchen kennengelernt hat, seit es von Mutter und Geschwistern getrennt wurde, im Extremfall schreiend flüchten, sich in eine Ecke drängen oder auch ängstlich quietschend hinter einem anderen Frettchen herrennen. Tiere, die sich so verhalten, lassen sich nur mit viel Geduld an ein zweites Tier oder an ein Rudel gewöhnen. Verträgt sich ein Frettchen nur mit einem bestimmten Artgenossen nicht, fällt die Aufnahme des Tieres in ein Rudel leichter. Generell kann man sagen, dass Alter und Geschlecht keine Rolle spielen, ob sich Frettchen miteinander vertragen, entscheidend ist das Individuum.

Tipp Um eine Zusammenführung fremder Frettchen zu erleichtern, können Sie mit Vitaminpaste oder Pflanzenöl Nacken, Kruppe und Ohrbereich der Tierchen betupfen.

Ablauf einer Begegnung Bei jeder Begegnung läuft ein Ritual ab. Dabei kann man fünf Grundverhaltensmuster unterscheiden.

› Situation eins: Die Frettchen verstehen sich sofort und spielen wild gockernd miteinander. Dies ist meist der Fall bei Jungtieren bis zu circa einem Jahr.

Frettchen lieben Höhlen und Verstecke. Dabei ziehen sie natürliche Materialien wie Holz Plastik vor.

› Situation zwei: Sie akzeptieren sich, ohne sich zu beachten. Dies kann zwei bis sechs Wochen später in einen Kampf münden oder in Freundschaft enden. Dies ist häufig der Fall bei Tieren, die sich erstmals in einer ihnen unbekannten Wohnung, einem neutralen Revier, begegnen oder die schon häufiger Kontakt mit fremden Frettchen hatten.

› Situation drei: Frettchen beschnuppern sich gegenseitig ausgiebig an Kruppe, Nacken, Analbereich und Ohren. Dann entscheiden sie, ob Freund oder Feind. Eventuell ist die Rangordnung nach einer kurzen Balgerei geklärt, oder es kommt zu heftigen Kämpfen mit Verletzungen. Der Unterlegene schreit, entleert seine Analbeutel und setzt

ein Angsthäufchen ab. Um zwei derartige Streithähne in einem Rudel zu vereinen, ist viel Zeit und Geduld notwendig. Trennen Sie beide Tiere kurzfristig und lassen sie dann wieder zusammen laufen. Wenn nötig, maßregeln Sie das stärkere Frettchen.

› Situation vier: Der Neuling ist so kämpferisch, dass er sich sofort auf alle anderen Frettchen stürzt, die ihm begegnen. Ein solches Tier lässt sich nur mit viel Erfahrung eingliedern, die ein Neuling in der Frettchenhaltung meist nicht hat. Deshalb rate ich, dass Sie zum Kauf Ihre Frettchen mitnehmen und den Neuzugang selbst auswählen lassen.

› Situation fünf: Das neue Frettchen drückt sich laut schreiend ängstlich in eine Ecke, obwohl der

Artgenosse harmlos reagiert. Dieses Verhalten erzeugt selbst in den friedlichsten Frettchen Kampfstimmung. Meist sind diese Angsthasen Tiere, die seit ihrem Welpenalter keinen Kontakt zu fremden Artgenossen aufnehmen konnten. Ein solches Frettchen sollte nur mit Jungtieren vergesellschaftet werden und sich seine Partner selbst auswählen. Bitte keine Angst, solche Tiere sind nicht verhaltensgestört, sie sind in der Vergesellschaftung mit Hund und Katze meist völlig komplikationslos.
Hinweis Wenn sich die Tiere gar nicht vertragen, müssen Sie sie für immer getrennt halten oder in ein neues Zuhause abgeben.

Frettchen und Urlaub

Verreisen, mal etwas Neues entdecken finden die meisten Frettchen sehr spannend. Können Sie Ihre Tiere zum Beispiel in eine Ferienwohnung mitnehmen, dann eignet sich als Transportbehältnis und Schlafplatz der auf Seite 25 erwähnte Kennel oder ein Kaninchenkäfig mit frettchengerechter Minimalausstattung. Wichtig ist natürlich der tägliche Freilauf im Urlaubsquartier. Bitte denken Sie daran, Küchentücher einzupacken, denn was die Sauberkeit betrifft, sind Frettchen nicht unbedingt gute Gäste. Ihre Rabauken werden sich aber freuen, mit Ihnen ein neues Revier erkunden und Spaziergänge im Grünen machen zu können.

Wenn Sie Ihre Tiere nicht mitnehmen können, müssen Sie sich rechtzeitig um eine Pflegestelle kümmern. Kennen Ihre Tiere diese Pflegestelle bereits und leben dort auch noch befreundete Frettchen, mit denen sie toben dürfen, können Sie ruhigen Gewissens verreisen. Ihre Tiere werden sich wohlfühlen. Müssen Sie Ihre Tiere in eine fremde Pflegestelle geben, können Ihre Frettchen über diese »Abschiebung« so sehr trauern, dass sie nach einer gewissen Zeit (meist circa zwei Wochen) allmählich in Futterstreik treten. Besser wäre es dann, wenn Sie jemanden haben, der bei Ihnen wohnt und die Tiere versorgt und ihnen ihr gewohntes Leben bieten kann. Informieren Sie den Pfleger gut über die Haltung und das Futter.

Hinterlassen Sie auf jeden Fall Ihre Urlaubsadresse und die Telefonnummer Ihres Tierarztes.

Geben Sie Ihre sensiblen Kobolde nur in frettchenerfahrene Hände. Pflegeeltern müssen das Verhalten der kleinen Marder kennen und mit ihren Eigenarten klarkommen.

So fühlen sich Ihre Frettchen wohl

Frettchen sind ganz spezielle Heimtiere, die eine besondere Haltung brauchen. Im Folgenden habe ich ein paar Tipps zusammengefasst, die Sie beim Umgang mit den Tierchen von Anfang an beachten sollten.

Tut gut

- Frettchen sind gesellige Tiere, die ungern allein gehalten werden wollen.

- Richten Sie das weitläufige Domizil Ihrer Frettchen abwechslungsreich und interessant mit vielen Spiel- und Versteckmöglichkeiten ein.

- Frettchen brauchen mehrmals täglich mindestens zwei Stunden Freilauf. In dieser Zeit wollen sie spielen, toben und schmusen.

- Beobachten Sie Ihre Tierchen während des Freilaufs genau, um rechtzeitig Verhaltensabweichungen und Hinweise auf Erkrankungen zu erkennen.

Besser nicht

- Frettchen wollen nicht zum Vegetarier umerzogen werden, denn als Raubtiere benötigen sie natürlich überwiegend frisches Fleisch.

- Nicht kastrierte Tiere können Unruhe in die Gruppe bringen, bei Weibchen besteht die Gefahr der Dauerranz. Lassen Sie deshalb die Tiere kastrieren.

- Wasch- und Putzmittel oder Chemikalien sowie gummiartige Gegenstände sind Gift für Frettchen. Räumen Sie sie weg, bevor Ihre Tiere Freilauf haben.

- Eine Zusammenführung zweier Frettchen auf »Raten« ausschließlich über Schnupperkontakt durch Gitterstäbe hindurch führt eher zu Aggressionen.

Gesund und munter

Neugierig ihre Umgebung erkunden, miteinander balgen, sich auch mal streicheln lassen – so macht ein Frettchenleben Spaß. Damit dies so ist, brauchen Ihre Stubenmarder eine artgerechte Ernährung, sorgfältige Pflege und die richtige Gesundheitsvorsorge. Lesen Sie dazu mehr auf den nächsten Seiten.

Fressen wie die wilden Verwandten

Wie Sie bereits auf Seite 6 lesen konnten, stammen Frettchen vom Iltis ab. Um sie richtig zu ernähren, ist es wichtig, einen Blick auf ihre wilden Verwandten zu werfen. Artgerecht gefüttert, werden die Tiere weder zu fett noch hungern sie.

Der Iltis lebt von Mäusen, Kaninchen, Eidechsen, Fröschen, Vögeln und deren Gelegen, aber auch von Insekten oder Aas. Von Obst oder Gemüse nascht er eher, als dass dies zu seiner Nahrungsgrundlage gehören würde. Dennoch nimmt er vitaminreiches Grünzeug auf, nämlich indirekt über den Inhalt des Magen-Darm-Trakts seiner Pflanzen fressenden Beutetiere, das dort bereits vorverdaut vorliegt.

Der Iltis sammelt die ganze Nacht Beute. Was er nicht sofort frisst, bringt er in seinem Versteck in Sicherheit. Ähnlich verhalten sich Frettchen, wenn sie Futterbrocken in der Schlafhöhle bunkern (→ Tipp Seite 7). Wie beim Iltis kann man auch bei Frettchen an der Farbe und Konsistenz des Kotes erkennen, was sie gefressen haben. Frischfleisch bewirkt dünnere und schwärzliche, Gemüse grüne, Paprika oder Wassermelone zum Beispiel auch rot verfärbte Häufchen. Milchprodukte beschleunigen die Verdauung, der Kot wird dann flüssiger. Haben Frettchen eine Zeit lang nichts gefressen, es reichen bereits einige Stunden aus, wird der Kot schleimig, grünlich oder bräunlich. Sobald wieder Futter aufgenommen wird, stabilisiert sich seine Konsistenz. Deshalb dürfen Frettchen bei Durchfall (→ Seite 56) gar nicht bzw. vor einer größeren Operation (beispielsweise Kastration) nur etwa drei bis fünf Stunden fasten.

Für die Gesunderhaltung Ihrer Rabauken ist auch wichtig, dass sie sich viel bewegen. Der Iltis ist die ganze Nacht auf den Beinen, um seine Beutetiere zu jagen. Frettchen brauchen ebenfalls viel Auslauf für ein ausgeglichenes Wesen.

Das gehört in den Futternapf

Um Frettchen artgerecht zu ernähren, orientieren Sie sich am besten daran, was der Iltis frisst (→ Seite 43). Das heißt, sowohl Fett- und Eiweißgehalt als auch Vitamin- und Mineralienzusammensetzung der Frettchennahrung sollten denen der Beutetiere des Iltisses entsprechen. Zudem muss raubtiergerechte Nahrung auch Arbeit für die Zähne und Kaumuskulatur bieten.

1 Frischfleisch

Das Angebot an Frischfleisch kann sehr abwechslungsreich gestaltet werden: So haben Sie die Möglichkeit, von Huhn und Pute Herzen oder Mägen, vom Rind Herz, aber auch grünen Blättermagen roh zu verfüttern. Weißes Brustfleisch von Geflügel, Gulasch vom Rind oder Schwein (Letzteres nur gekocht) sowie Lammfleisch werden ebenfalls gern genommen, wenn die Tiere daran gewöhnt sind. Der hohe Eiweißbedarf der pelzigen Hausgenossen lässt sich auch durch Verfüttern von Mäusen oder Eintagsküken decken. Bieten Sie diese aus Tierschutzgründen bitte nie lebend an. Die Küken müssen eventuell klein geschnitten werden, da sie anfangs im Stück nicht genommen werden.
Fisch Er wird gern gefressen, wenn die Frettchen daran gewöhnt sind.

2 Trockenfutter

Als Ergänzung zum Eiweiß im Frischfleisch eignet sich gutes, fetthaltiges Trockenfutter. Denn Frettchen vertragen Fett recht gut. Wenn Sie Ihre Tiere ausschließlich oder überwiegend mit Trockenfutter ernähren, weil diese nichts anderes fressen, sollten Sie Katzen- oder Frettchenfutter mit sehr hohem Eiweiß- und Fettgehalt verabreichen. Lassen Sie sich diesbezüglich im Zoofachhandel oder von Ihrem Tierarzt beraten.

3 Feuchtfutter

Eine überwiegende Verfütterung von Feuchtfutter, sei es nun aus Dose, Frischebeutel oder Schälchen, ist für Frettchen ungeeignet, da es wegen des enthaltenen Pflanzeneiweißes nicht ausreichend verdaut werden kann. Naschen dürfen Frettchen davon allerdings gern.

4 Wasser

Frettchen müssen kontinuierlich frisches Wasser zur freien Verfügung haben.

5 Grünfutter

Im Gegensatz zum Iltis fressen Frettchen schon mal Paprika, Gurke oder Wassermelone. Bitte übertreiben Sie dieses Angebot aber nicht, da »Grünfutter« schnell zu Durchfall führen kann und Sie kein Frettchen zum Vegetarier machen können.

Futter zur freien Verfügung

BITTE BEACHTEN Ihre Frettchen haben eine sehr schnelle Magen-Darm-Passage und müssen deshalb häufig am Tag fressen. Daher sollten sie Futter und frisches Wasser immer zur freien Verfügung haben. Bei artgerechter Fütterung werden sie trotzdem nicht zu fett. Ist Ihr Tierchen eingewöhnt, füttern Sie bitte abwechslungsreich, damit es seinen Appetit nicht auf eine Sorte reduziert.

So füttern Sie richtig

Es bietet sich an, eine Kombination aus überwiegend Frischfleisch und Trockenfutter sowie wenig Nassfutter zu reichen. Diese Mischung eignet sich sowohl für Jung- als auch erwachsene Tiere. Bei abwechslungsreicher Fütterung sind Vitamin- und Mineralstoffzusätze nicht nötig.

Frischfleisch Geben Sie frisches Fleisch in ausreichender Menge, das heißt so viel, dass morgens noch etwas im Napf ist. Füttern Sie vorzugsweise zu einem Zeitpunkt, zu dem Sie kontrollieren können, ob und wohin Ihre Räuber das Futter verschleppen. Ich habe die Erfahrung gemacht, dass überwiegend sehr hungrige Tiere zum Horten von Futter neigen. Die meisten nehmen sich ihr Futter zwar aus dem Napf und fressen es auf dem Boden, bleiben dabei aber in der Nähe des Napfes.

Das Fleisch von Rind, Geflügel oder Lamm können Sie roh verfüttern. Um die in frischem grünem Blättermagen enthaltenen Vitamine nicht zu zerstören, sollten Sie ihn ebenfalls nur roh geben.

Hinweis Bitte haben Sie keine Angst, dass Tiere durch das Verfüttern von rohem Fleisch bissig werden. Dies ist ein Vorurteil. Es ist auch keinesfalls notwendig, das Fett zu entfernen.

Das Fleisch schneiden Sie bitte nicht in winzige

Milchprodukte führen bei Frettchen zu Durchfall. Geben Sie deshalb Katzenmilch. Da diese laktosefrei ist, wird sie besser vertragen. In Katzenmilch lassen sich Medikamente gut untermischen.

Stückchen oder bieten es gar als Gehacktes an, sondern verfüttern Sie es in der Größe von eineinhalb Zentimeter großen Würfeln. Bitte denken Sie an die notwendige Kauarbeit! Vielleicht haben Sie ja schon einmal staunend zugeschaut, wie geschickt bereits Welpen ab der vierten Lebenswoche Fleischbrocken, zum Beispiel Hühnerherzen, zerkleinern. Lediglich sehr alte Frettchen bekommen ihr Fleisch klein geschnitten, wenn ihnen bereits Zähne gezogen werden mussten.

Fisch Süßwasserfisch stets kochen, Seefisch vertragen Frettchen auch roh. Fisch bitte entgräten.

Trockenfutter Dies können Sie ohne Bedenken den ganzen Tag zur freien Verfügung bereitstellen. Es fördert die Reinigung der Zähne. Achten Sie bitte darauf, dass es Ihre Tiere auch aufnehmen.

Am besten ist eine Kombination aus Frischfleisch und fettreichem Trockenfutter, damit die Frettchen ihren hohen Bedarf sowohl an Eiweiß als auch an Fett decken können.

Feuchtfutter Diese Futterart sollten Ihre Rabauken zumindest kennen. Denn irgendwann werden sie älter und benötigen Medikamente. Dann ist es günstig, wenn Sie diese unter Feuchtfutter mischen können und die Mittel so unbemerkt mitgefressen werden. Auch Diätfuttermittel, die Feuchtfutter ähneln, werden dann leichter angenommen.

Hinweis Kann Ihr Frettchen eine Feuchtfuttersorte nicht richtig verwerten, wird die Reinigung der Toilette für Sie zur geruchsintensiven Belastung!

Leckerbissen Die Verfütterung von Leckerlis oder anderen Naschereien wie Katzenmilch, Vitaminpaste, Pflanzenöl oder Babygläschen sollte eine Ausnahme bleiben. Es wäre aber sinnvoll, wenn Frettchen diese kennenlernen, da beispielsweise Medikamente damit gut aufgenommen werden.

Grünfutter Bitte nur zum Naschen anbieten.

Bei der Fütterung beachten

KEINE STREU	Bitte den Käfigboden nicht mit Streu bedecken. Da Frettchen ihr Futter meist neben dem Napf fressen, würde es mit Streu »paniert« werden.
KATZENKLO	Manchmal müssen zur Futterzeit sogar die Katzenklos entfernt werden, da es einige der Frettchen nicht lassen können, das Futter dorthin zu schleppen und darin zu fressen.
NAHRUNGSSPEZIALISTEN	Um als Frettchen hungrig zu sein, reicht es aus, dass man der Meinung ist, sich nur einseitig ernähren zu müssen. Ich möchte damit sagen, dass es äußerst sture Nahrungsspezialisten gibt, die den ganzen Tag auf ihr Frischfleisch warten, obwohl Trockenfutter zur freien Verfügung bereitsteht. Um diese einseitige Futteraufnahme zu vermeiden, bitte bereits die Welpen abwechslungsreich füttern.
ACHTUNG	Mit der Verfütterung von Banane, geschwefelten Rosinen oder Schokolade können Sie Ihren Kuschelmardern schaden. Mit rohem Schweinefleisch kann die Aujeszkysche Krankheit übertragen werden, die in den meisten Fällen tödlich endet. Schweinefleisch dürfen Sie deshalb immer nur in geringen Mengen und gekocht anbieten. Gummiartiges: → Tipp Seite 19.

Rundum gepflegt

Frettchen haben zwar einen ausgeprägten Eigengeruch, das heißt aber nicht, dass sie unsauber sind. Im Gegenteil: Sie sind sogar sehr reinlich. Und es ist putzig anzusehen, wie sie mit Zunge, Zähnchen und Krallen ihr Fell bearbeiten. Meist geschieht dies in der Schlafhöhle. Die Fellpflege müssen Sie also nur gelegentlich unterstützen (→ Seite 50). Während der Ranz im Frühjahr verstärkt sich der Geruch noch, da die Haut dann vermehrt Talg produziert, der das Fell verklebt. Dieser verstärkte Eigengeruch hat nichts mit dem Sekret der Analdrüsen zu tun, er verschwindet durch die Kastration (→ Seite 58).

Richtig hochheben

Für alle Pflegemaßnahmen am Tier ist es wichtig, das Frettchen richtig zu halten. Greifen Sie dazu bitte mit der flachen Hand unter den Bauch des Tierchens. Es sollte dann bequem auf Ihrer Handfläche liegen oder sitzen. Mit der anderen Hand unterstützen Sie das Frettchen an der Brust.
Bitte spielen Sie nicht Greifvogel und packen den kleinen Räuber von oben um den Brustkorb, denn Greifvögel gehören zu den natürlichen Feinden der Marderartigen. Es besteht außerdem die Gefahr, dass durch den Druck der Hand die dünnen Rippen gedrückt und damit Herz und Lunge in ihrer Funktion beeinträchtigt werden.
Falls Sie unsicher sind, ob Sie alles richtig machen, lassen Sie sich das Handling am besten von einem erfahrenen Frettchenliebhaber zeigen.
Frettchen untersuchen Müssen Sie Ihren Unruhegeist genauer untersuchen, ist es nötig, ihn etwas zu fixieren oder zum Stillhalten zu überreden. Das geht am besten mit Katzenmilch, Vitaminpaste oder Pflanzenöl, denn damit können Sie die ungeliebte Pflege »schmackhaft« machen: Bitten Sie eine zweite Person, dem Zappelphilipp die Leckerei in einem Schälchen anzubieten und ihn leicht im Nacken zu fixieren. Dann können Sie bequem die notwendigen Handgriffe zur Ohren-, Krallen- oder Zahnkontrolle erledigen. Müssen Sie dies allein machen, klemmen Sie das Frettchen vorsichtig

Richtig hochnehmen mit zwei Händen: Eine Hand unterstützt, die andere hält fest. Dies ist besonders bei kleinen Kinderhänden wichtig.

1 OHREN REINIGEN Mit Wattestäbchen und Öl oder mildem Ohrreiniger (Fachhandel, Tierarzt) reinigen Sie vorsichtig den äußeren Gehörgang.

2 KRALLEN SCHNEIDEN Der korrekte Schnitt erfolgt parallel zum Ballen, keinesfalls im rechten Winkel zur Kralle. Das Tier muss die Kralle eben auf den Boden aufsetzen können.

3 ZAHNKONTROLLE Die Zähne sollten weiß und ohne Beläge sein, das Zahnfleisch rosa ohne dunkelroten Rand (Hinweis auf Entzündung).

unter den linken Arm und greifen es mit der linken Hand im Nacken. Die rechte Hand haben Sie dann frei, um sich Ihr Tier genauer anzusehen.

Nötige Pflegemaßnahmen

Die Pflege der Ohren Sie sollte je nach Bedarf in einem Rhythmus von etwa sechs Wochen erfolgen (→ Foto 1 oben). Haben Sie keine Angst, Sie werden mit handelsüblichen Wattestäbchen nicht in die Nähe des Trommelfells gelangen. Wenn Sie zur Reinigung Pflanzenöl verwenden, können Sie dies gleichzeitig als leckere Ablenkung einsetzen. Hellbraunes Ohrenschmalz ist bei Frettchen normal. Hat das Ohrsekret allerdings eine krümelige Konsistenz und dunkelbraune Farbe oder löst die Reinigung extremen Juckreiz beim Frettchen aus, dann sollten Sie mit dem Tierchen einen Tierarzt aufsuchen, weil Ohrmilben im Spiel sind (→ Seite 55).

Krallenpflege Haben Frettchen zu lange Krallen, besteht die Gefahr, dass sie zum Beispiel an Kuscheldecken hängen bleiben und sich schmerzhaft eine Kralle ausreißen. Die Krallen der Vorderpfoten wachsen deutlich schneller als die der Hinterpfoten und müssen meist im Abstand von drei bis vier Wochen gekürzt werden (→ Foto 2 oben). Die Krallen der Hinterpfoten schneiden Sie nur bei Bedarf. Um zu vermeiden, dass Sie zu tief schneiden und das Leben in der Kralle verletzen, sehen Sie sich bitte einmal in Ruhe eine Kralle an. Sie werden ein dünnes, fadenartiges Blutgefäß entdecken. Der korrekte Schnitt erfolgt unterhalb dieses Blutgefäßes, um es nicht zu verletzen. Schneiden Sie auf keinen Fall im rechten Winkel zur Kralle, sondern parallel zum Ballen, sodass auch die Außenkurve der Kralle auf den Boden aufsetzen kann.

Haben Sie einmal aus Versehen eine Kralle zu kurz, also in das sogenannte Leben geschnitten oder hat sich das Frettchen eine Kralle ausgerissen, können starke Blutungen auftreten. In einer solchen Notsituation drücken Sie ein sauberes Tuch für längere Zeit auf die blutende Stelle. Bitte nicht tupfen, dadurch unterbrechen Sie die einsetzende Blutgerinnung immer wieder.

Zahn- und Zahnfleischkontrolle Dies können Sie gleichzeitig mit der Ohren- und Krallenpflege tun (→ Foto 3 oben). Die beste Mundpflege erledigen die Frettchen selbst, indem sie sich ihre Nahrung, vor allem Trockenfutter, intensiv kauend erarbeiten müssen. Bemerken Sie Mundgeruch, Beläge auf den Zähnen oder andere Veränderungen im Mäulchen, ziehen Sie bitte einen Tierarzt zurate.

Die beschriebenen Maßnahmen werden sicherlich schnell Routine für Sie, sodass Sie stolz auf Ihre gepflegten Frettchen sein können.

Die Pflege des Fells

Ich habe eingangs erwähnt, dass Frettchen ihr Fell durch Kratzen und Putzen selbst pflegen. Selbst ein verschmutzter Pelz nach einer spaßbringenden Buddelaktion in nasser Erde reinigt sich von selbst durch Schütteln, sobald er trocken ist. Doch gegen sanftes Bürsten während des Fellwechsels haben viele der kleinen Rabauken nichts einzuwenden (→ Foto rechts Mitte).

Richtig baden Die meisten jungen Frettchen lieben es, in einer flachen Wanne mit Wasser zu planschen. Doch freiwillig baden oder gar schwimmen würden die wenigsten Stubenmarder. Zur normalen Reinigung des Fells ist dies auch nicht nötig. Lediglich zur Unterstützung oder wenn das Fell zum Beispiel kotverschmiert ist, können Sie den kleinen Schmutzfinken ins leere Waschbecken setzen und mit warmem Wasser ohne Schaumbad (→ Tipp rechts) abspülen. So eine warme Dusche über den Rücken finden manche Frettchen sogar recht angenehm. Bitte setzen Sie Ihr Tier aber nicht in die volle Badewanne. Sobald das Frettchen keinen Grund unter seinen Füßchen spürt, gerät es in Panik, wird flüchten wollen, am Beckenrand abrutschen und Wasser schlucken. Dadurch verspielen Sie sich das Vertrauen der Tierchen.

Hinweis Bitte denken Sie daran, dass Ihre kleinen Räuber nur so sauber sein können wie ihre Umgebung. Deshalb sind ein regelmäßiger Wechsel der Kuscheltücher und die penible Reinigung der Katzenklos (→ Seite 52) besonders wichtig.

Gut beobachten

Nutzen Sie den täglichen Umgang mit Ihrer tobenden Bande und beobachten Sie jedes Tierchen aufmerksam. Dabei sollten Sie es auf Veränderungen von Körperbau, Gewicht und Figur sowie Verhalten beurteilen. Mit der Zeit bekommen Sie ein Gefühl dafür, ob die Muskulatur ausgeprägt ist, ob der Bauch weich, aber gut mit Futter gefüllt ist oder ob die Flanken eingefallen sind.

Zur Sicherheit rate ich Ihnen, Ihre Tiere regelmäßig zu wiegen (→ Foto rechts oben) und eine Gewichtstabelle aufzustellen. Unabhängig von den normalen jahreszeitlichen Unterschieden werden Ihnen mithilfe dieser Tabelle auch Gewichtsschwankungen auffallen, die krankheitsbedingt sein können. Bitte bringen Sie Ihr Tierchen dann umgehend zu einem Tierarzt.

Ebenso sollten bei Ihnen die Alarmglocken läuten, wenn Ihre Frettchen Durchfall haben oder sich erbrechen (→ Seite 56).

Schaumbad, nein danke!

NUR KLARES WASSER Der artspezifische Geruch eines Frettchens lässt sich durch kein Schaumbad unterdrücken. Im Gegenteil, nach der Prozedur wird sich Ihr frisch gebadetes, nasses Fellbündel ein Plätzchen zum Suhlen suchen, am liebsten ein Katzenklo, um den unangenehmen Seifengeruch wieder loszuwerden. Verwenden Sie für ein Bad deshalb bitte nur warmes Wasser.

WIEGEN Kontrollieren Sie regelmäßig das Gewicht Ihrer Tierchen und notieren Sie die Werte in einer Tabelle. Sie werden feststellen, dass das Gewicht je nach Jahreszeit schwankt, was normal ist. Im Winter sind Fähen um etwa 50 Gramm, Rüden um circa 100 bis 200 Gramm schwerer als im Sommer – ein Erbe des Iltisses, der sich für die kalte Jahreszeit Winterspeck anfressen muss. Frettchen sind in ihrem ersten Winter wegen des Babyspecks am pummeligsten.

BÜRSTEN Nutzen Sie eine Schmuserunde und bürsten Sie das Fell Ihres Frettchens mit einer weichen Babybürste. Sie erleichtern dadurch den Fellwechsel im Frühjahr und Herbst, außerdem festigen Sie durch die wohltuende Massage die Bindung. Als aufmerksamer Halter können Sie während des Bürstens Haut und Haarkleid auf Veränderungen wie kleine Warzen, Verletzungen oder kahle Stellen untersuchen.

WASCHEN Gröbere Verschmutzungen wie Kot bürsten Sie, wenn sie trocken sind, aus dem Fell. Die Reste können Sie mit warmem Wasser im Waschbecken aus dem Pelz spülen.

Sauberkeit im Frettchenheim

Wie sauber Ihre Frettchen sind, hängt nicht nur von ihrer Fellpflege ab, sondern auch davon, wie häufig und gründlich Sie das Domizil Ihrer Tiere reinigen.

Das Katzenklo säubern

Unsere kleinen Kobolde gehen zwar gern spazieren, doch sie mehrmals täglich »Gassi zu führen« wie einen Hund ist nicht nötig, aber auch nicht sinnvoll, da sie ihre Geschäftchen nicht zeitlich einteilen können wie ein Hund. Da bei Frettchen das Futter den Magen-Darm-Trakt sehr schnell passiert, setzen sie im Abstand von drei bis vier Stunden relativ spontan ein Häufchen ab. Bei Durchfall geschieht dies natürlich noch häufiger. Entsprechend müssen die Katzentoiletten täglich gereinigt werden, denn im »Eifer des Gefechts« achten die quirligen Räuber nicht darauf, wo sie gerade hintreten. Und dann könnten sie ihre Pfötchen mit Kot beschmutzen. Leider sind häufig die Dinge, die Frettchen gerade im Kopf haben, viel wichtiger, als sich an den Standort des nächsten »Örtchens« zu erinnern. Dieser Mangel an Stubenreinheit ist oft der Grund für ungeduldige Besitzer, solche Schweinchen wieder abzugeben oder sie nicht mehr aus dem Käfig zu lassen. Damit dies bei Ihren Tieren nicht der Fall ist, → Seite 28.

Zur Reinigung des Katzenklos entfernen Sie mehrmals täglich die verschmutzte Streu und den Kot. Einmal wöchentlich reinigen Sie die Kiste mit heißem Wasser und Seifenlösung. Setzen Ihre Tiere ihr Geschäftchen überwiegend vor den erlaubten Plätzen ab, können eine andere Sorte Katzenstreu, noch sorgfältigere Reinigung der Klowanne oder ein Kuscheltuch vor der Toilette Abhilfe schaffen. Sollten Ihre Tiere eine bestimmte Stelle immer wieder zum Örtchen erwählen, rate ich Ihnen, dort ein zusätzliches Katzenklo aufzustellen.

Was sonst noch zu tun ist

Tägliche Pflegemaßnahmen

> Futter- und Wassernäpfe mit heißem Wasser und Spülmittel reinigen.
> Den Boden von Käfig, Zimmer oder Wohnung mit heißem Wasser und einem milden Reiniger wischen. Daraus ersehen Sie, dass die Beziehung zu Ihrem Stubeniltis für Sie entspannter ist, wenn Sie einen leicht zu reinigenden Fußbodenbelag in Ihrer Wohnung haben.
> Die Wände des Käfigs ebenfalls mit heißem Wasser und einem milden Reiniger wischen.

Das Katzenklo muss mehrmals am Tag gereinigt werden: Entfernen Sie mit der Schaufel alle Kothäufchen und Streu-Verklumpungen.

Frettchen lieben es, mit Artgenossen zu kuscheln – am liebsten in einer weichen, sauberen Decke. Bitte denken Sie daran, die Kuscheltücher mindestens einmal wöchentlich zu wechseln, bei Verschmutzungen oder während des Fellwechsels im Frühjahr noch häufiger.

› Das im ganzen Frettchenheim gebunkerte Futter wegräumen, damit es nicht verdirbt; die Frettchen könnten sich sonst eine Magen-Darm-Infektion zuziehen. Außerdem werden Fliegen angelockt, und gammelndes Futter stinkt.

Wöchentliche Pflegemaßnahmen
› Wechsel der Kuscheltücher und Decken gegen frisch gewaschene (bitte zum Waschen keinen Weichspüler verwenden, er könnte Allergien auslösen und belastet zudem unnötig die Umwelt).

› Die Talgabsonderungen der Tiere an den Möbeln Ihrer Wohnung und an den Einrichtungsgegenständen im Frettchenreich mit Seifenlauge abwaschen.
› Die Laufbretter, Tunnel und Röhren, das Spielzeug, die Versteckmöglichkeiten etc. mit Seifenlauge abwischen.

Wichtiger Hinweis Für Ihre eigene Gesundheit ist es wichtig, dass Sie nach jedem Kontakt mit den Tieren, mit Einrichtungsgegenständen oder Futter Ihre Hände gründlich reinigen.

Wenn Frettchen krank werden

Bitte denken Sie daran, dass die fröhliche Frettchenwelt nicht immer so »rosig« bleibt. Schneller als es Ihnen lieb ist, können die eben noch putzmunter erscheinenden Kobolde heftige Krankheitssymptome zeigen. Deutliche Symptome erkennt man allerdings erst in einem sehr späten Krankheitsstadium. Und dann ist die Krankheit meist schon weit fortgeschritten, denn wie Wildtiere lassen sich Frettchen nicht gern anmerken, dass sie krank sind. Damit Sie einen Blick dafür bekommen, wann ein Frettchen anfängt zu kränkeln, sollten Sie die Tiere möglichst häufig genau beobachten. So

können Sie Krankheitsanzeichen rechtzeitig erkennen und den Tierarzt auf abweichendes Verhalten hinweisen. Denn meistens geben sich Ihre eben noch kranken Tiere in der Praxis aus Neugierde völlig unauffällig, und Tierärzte, die die kleinen Lebenskünstler nicht genau kennen, können die Ernsthaftigkeit der Symptome kaum beurteilen.

Vorbeugen ist besser

Neben der genauen Beobachtung ist Vorbeugen ein wichtiger Gesichtspunkt in der Frettchenhaltung. Wie bereits erwähnt, müssen Gefahrensituationen in der Umgebung der Tiere vermieden werden (→ Seite 15). Durch Schutzimpfungen, meist der erste Anlass für einen Tierarztbesuch, kann ansteckenden Krankheiten vorgebeugt werden.
Impfungen Sie erfolgen in der achten Lebenswoche, vier Wochen später werden sie aufgefrischt und danach jährlich wiederholt. Die wichtigste Impfung dient dem Schutz vor Staupe, den selbst Tiere, die nie die Wohnung verlassen, vorsorglich erhalten sollten. Frettchen, die häufiger draußen sind, benötigen zusätzlich einen Schutz gegen Tollwut.

Typische Krankheiten bei Frettchen

Während Sie einen Befall mit Ohrmilben noch recht eindeutig diagnostizieren können, sind viele andere Krankheitssymptome nicht so deutlich. Eine beginnende Erkrankung können zum Beispiel ver-

Dieses Energiebündel sprüht vor Gesundheit. Damit dies möglichst lange so bleibt, ist es wichtig, entsprechende Vorsorge zu leisten.

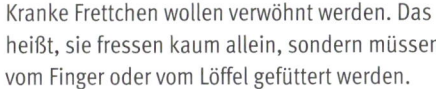
Kranke Frettchen wollen verwöhnt werden. Das heißt, sie fressen kaum allein, sondern müssen vom Finger oder vom Löffel gefüttert werden.

Die selbstständige Futteraufnahme setzt langsam wieder ein, wenn Ihr Krankerchen festes Futter aus Hand oder Napf frisst und es nicht nur wegschleppt.

kürzte Spielphasen, die Wahl von Schlafplätzen außerhalb der Gruppe oder ein veränderter Gesichtsausdruck anzeigen, etwa kleine tränende Augen, eine gerunzelte Stirn oder anliegende Ohren. Beobachten Sie dann Ihre Räuber genauer. Achten Sie auf Anzeichen wie veränderten Kot, geringere Futteraufnahme oder schwankendes Körpergewicht. Alarmsignale sind auch, wenn Ihr Kobold plötzlich mit den Hinterpfoten wegrutscht oder Muskulatur an Schultergürtel und Becken abbaut.

Ohrmilben Sie treten relativ häufig bei Frettchen auf. Ein erster Hinweis sind rotbraune, krustige Beläge im Ohr. Die kleinen, weißen Milben sind nur unter dem Mikroskop zu erkennen. Ein leichter Befall mit Ohrmilben liegt vor, wenn der Patient während der Ohrreinigung reflexartig eine Art Stepptanz mit der entsprechenden Hinterpfote aufführt. Er reagiert damit auf den heftigen Juckreiz durch die Plagegeister. Vielleicht ist Ihnen dieses Symptom bereits vor dem Tierarztbesuch aufgefallen. Auch wenn Frettchen plötzlich aus dem Schlaf auf-

schrecken, sich heftig kratzen und dann wieder schlafen gehen, ist dies ein Hinweis auf unerwünschte Untermieter wie Milben oder Flöhe. Bitte schildern Sie Ihrem Tierarzt Ihre Vermutung, wenn bei der Untersuchung kein Befall sichtbar ist.

Extreme Übelkeit Hinweis darauf kann sein, wenn sich Ihr Stubenmarder mit der Pfote ins Mäulchen greift, als ob er sich einen Fremdkörper entfernen möchte, oder wenn er äußerst unruhig mit den Vorderpfoten im Katzenklo oder in einer Zimmerecke auf dem Boden kratzt.

Schmerzen oder Unwohlsein Anzeichen dafür sind eingezogene Flanken, anliegende Ohren oder Falten auf der Stirn.

Herzbedingte Leistungsschwäche Mitten aus einer Beschäftigung heraus legt sich das Frettchen mit pumpender Atmung flach auf den Boden.

Hustenanfälle Sie treten überwiegend bei älteren Frettchen auf. Diese deuten in den meisten Fällen auf eine Herzmuskelschwäche hin. Da dieser Herzhusten in der Regel nachts auftritt, wird dieses

Krankheitssymptom bei Frettchen, die zur Nacht in einer Außenvoliere oder auf dem Balkon gehalten werden, häufig erst recht spät erkannt.

Durchfall Darunter leiden Frettchen recht häufig. Meist ist er Folge von unverträglichem Futter oder mangelnder Futteraufnahme, seltener ist ein Infekt die Ursache. So können Frettchen bereits nach einigen Stunden ohne Futteraufnahme heftigen Durchfall bekommen. Der damit verbundene Flüssigkeitsverlust führt zu einer Schwächung des Körpers. Mit einer Traubenzuckerlösung und dann mit verdünntem Babybrei können Sie Ihrem Krankerchen vorübergehend auf die Beine helfen. Eine Nulldiät,

die als Therapie gegen Durchfall bei anderen Tieren hilft, darf beim Frettchen aus den eben genannten Gründen nicht angewendet werden. Die Ursachen für die Futterverweigerung können sehr vielfältig sein – psychisch oder erkrankungsbedingt.

Bitte suchen Sie dringend einen Tierarzt auf, wenn Durchfall und Futterverweigerung nicht umgehend mit einer Traubenzuckerlösung und anschließender Futtereingabe behoben werden können oder gar zusätzlich Erbrechen vorliegen sollte.

Winzige Mengen Durchfall, Futterverweigerung und Erbrechen können auch auf einen Fremdkörper im Magen-Darm-Trakt hinweisen.

Ein krankes Frettchen fühlt sich bei den wärmenden Artgenossen geborgen. Störenfriede lassen Sie bitte nicht an den Genesenden heran, da er sich noch nicht zur Wehr setzen kann.

Kranke Frettchen pflegen

Bitte therapieren Sie Ihre Tiere nicht selbst, sondern gehen Sie rechtzeitig zum Tierarzt. Alle genannten Symptome sollten Sie ihm mitteilen. Für den Transport zum Tierarzt eignet sich der auf Seite 25 beschriebene Kennel. Betten Sie das Tierchen auf eine Wärmflasche und eine dicke Decke, alternativ können Sie es auch am Körper tragen. Ein verletztes Tier legen Sie auf weiche Kuscheltücher. Kranke Pfleglinge lieben es, verwöhnt zu werden. Sie möchten keine weiten Wege zum Wasser- oder Futternapf gehen müssen oder haben keine große Lust zu kauen. Nehmen sie freiwillig kein Futter auf, müssen Sie Ihren Schützling mit einem Brei füttern. Weichen Sie dazu Trockenfutter in Wasser ein und zerdrücken es, oder geben Sie stattdessen Aufbaunahrung vom Tierarzt oder »Menü ab dem vierten Monat« aus dem Babygläschen. Sie können auch Feuchtfutter zerkleinern und mit Flüssigkeit oder Elektrolytlösung vom Tierarzt zum Schlecken anbieten. Um den Appetit anzuregen, erwärmen Sie den Brei leicht, tropfen etwas Pflanzenöl, Katzenmilch oder Vitaminpaste darüber und beginnen mit einer vorsichtigen Fütterung alle halbe Stunde vom Finger, später vom Löffel. Es kann einige Tage dauern, bis das Tierchen wieder allein Futter aufnimmt. Nach und nach können Sie die Fütterungszeiten reduzieren. Bitte halten Sie auch bei schwer kranken Frettchen durch, unsere lustigen Kobolde sind äußerst zäh und haben einen starken Lebenswillen.

Ihr kranker Pflegling muss nicht isoliert werden. Die Nähe der Rudelgenossen fördert die Genesung, und Sie können beobachten, ob er heimlich am regulären Futter nascht. Wenn er munterer wird und mit den anderen wieder spielt, sollten Sie die intensive Fütterung reduzieren. Gern würden Frettchen die angewöhnten Extrafütterungen beibehalten.

Unterzuckerung behandeln

TIPPS VON DER FRETTCHEN-EXPERTIN
Gisela Henke

UNTERZUCKERUNG Frettchen verweigern aus den vielfältigsten Gründen manchmal ihr Futter. Als Folge davon kann eine Unterzuckerung eintreten, was bei Frettchen relativ häufig vorkommt. Diese äußert sich durch Schwanken der Hinterbeine, Umkippen und Speichelfluss. Diese Symptome sollten nach Gabe der Traubenzuckerlösung sofort verschwinden. Häufig liegt ein Insulinom vor, das der Tierarzt behandeln muss.

TRAUBENZUCKERLÖSUNG Falls Ihr Frettchen kein Futter mehr aufnehmen sollte und Sie kurzfristig keinen Tierarzt erreichen können, lässt sich die Zeit, bis der Tierarzt wieder da ist, folgendermaßen überbrücken: Lösen Sie einen Esslöffel Traubenzucker in einem Eierbecher Wasser auf. Diese Lösung flößen Sie Ihrem kranken Tier sehr häufig, teilweise im Abstand von 20 Minuten, in winzigen Mengen ein. Manchmal müssen Sie dazu das Frettchen leicht im Nacken fixieren. Lassen Sie es die Lösung vom Löffel trinken oder flößen Sie sie mit einer Einmalspritze ohne Nadel ein.

Informieren Sie Ihren Tierarzt über die Reaktion des Frettchens. Dies hilft, die Ursache zu finden.

Nachwuchs bei Frettchen?

Beim Betrachten seiner tobenden Frettchen wird sich mancher Besitzer eigenen Nachwuchs gewünscht haben. Davon kann ich aber nur abraten.

Mühsame Jungenaufzucht Bereits vor der Geburt brauchen Sie genügend Interessenten für die Welpen. Doch viele Frettchenliebhaber springen vor dem Abgabezeitpunkt wieder ab. Sobald die Jungen da sind, müssen Sie sich acht Wochen lang intensiv um Muttertier und Junge kümmern. Da die Kleinen zum Teil schon ab der dritten Woche festes Futter aufnehmen und die Mutter Kot und Harn nicht mehr selbst entfernt, bleibt diese Arbeit Ihnen. Auch finanzielle Belastungen kommen auf Sie zu, etwa durch einen nötigen Kaiserschnitt oder eine Entfernung der Gebärmutter nach der Geburt, weil die Fähe nicht alle Nachgeburten abstoßen konnte, durch Er-

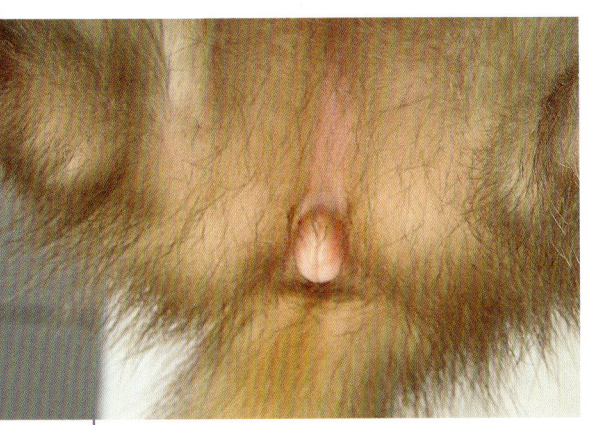

Der Scheidenvorhof dieser Fähe ist bereits leicht angeschwollen. Bevor eine Dauerranz droht, sollte das Tier zu diesem Zeitpunkt kastriert werden.

krankungen der Tiere bis zur Abgabe sowie die Erstimpfung der Welpen (eine Grundimmunisierung der Mutter sollte selbstverständlich sein).

Hinweis Geben Sie die Jungen nur mit Schutzvertrag ab, um eine artgerechte Haltung zu gewährleisten und sich ein Rücknahmerecht bei nicht artgerechter Haltung unterzeichnen zu lassen.

Die Kastration

Aus Tierschutzgründen ist die Kastration verboten, wenn damit »nur« eine erleichterte Haltung erreicht werden soll. Als Tierärztin plädiere ich aber aus folgenden medizinischen Gründen für eine Kastration:

› Frettchen sind Rudeltiere und sollen immer zu mehreren gehalten werden. Kommen Rüden in die Ranz, attackieren sie bei heftigen Rangordnungskämpfen alle anderen Männchen als Rivalen, verbeißen sich in deren Nacken und fügen ihnen tiefe blutende Wunden zu, die tierärztlich versorgt werden müssen. Die unterlegenen Tiere werden ihrerseits aggressiv oder entwickeln Angstneurosen.

› Ab Herbst belästigen die Rüden die Fähen und markieren die Umgebung. Fähen kommen erst im Frühjahr in die Ranz (Anschwellen der Vulva). Unruhe im Rudel und zerbissene Fähen sind die Folge.

› Ein reines Fähenrudel ist aber auch keine Lösung. Denn werden die Weibchen nicht gedeckt, können sie in eine Dauerranz kommen (Blutgerinnungsstörung durch Östrogenüberschuss), die sich schleichend entwickelt und tödlich endet.

Kastration als Abhilfe Der richtige Zeitpunkt dafür ist, sobald die Tiere geschlechtsreif sind, also erste Anzeichen einer Ranz auftreten. Rüden fangen dann an zu markieren, das heißt, sie rutschen

Ein Wurf kleiner Frechdachse macht viel Spaß, aber auch viel Arbeit. Bieten Sie ihnen reichlich Abwechslung durch Spielen, Erkunden und Kuscheln, außerdem regelmäßig Kontakt mit Menschen und anderen Heimtieren, dann bereitet die Eingewöhnung in ein neues Zuhause keine Probleme.

mit dem Bauch über Unebenheiten und setzen dabei Harn ab. Auch Fähen markieren bei einsetzender Geschlechtsreife mit winzigen Kothäufchen. Während der gesamten Ranz sondern sie Flüssigkeit ab, sodass Unterbauch und Innenschenkel verklebt sind.

Aufzucht der Jungtiere

Wenn es trotzdem zur Trächtigkeit gekommen ist, werden die Jungen im Frühjahr nach einer Tragzeit von etwa 42 Tagen geboren. Bisweilen kann ein Wurf aus bis zu 14 Jungen bestehen. Dann wäre eine Amme hilfreich, um die Mutter zu unterstützen. Oder Sie übernehmen die Ammenfunktion und füttern mit einer Pipette Katzenaufzuchtmilch zu. Täglich müssen Sie dann Mutter- und Jungtiere wiegen und bei Gewichtsabfall sofort einem Tierarzt vorstellen. Um die Mutter zu schonen, die während der Jungenaufzucht das Nest nicht verlässt, sollten Sie Futter- und Wassernapf in ihre Nähe stellen.

Die Inhalte dieses Buch beziehen sich auf die Bestimmungen des deutschen Tier- bzw. Artenschutzes. In anderen Ländern können die Angaben abweichend sein. Erkundigen Sie sich daher im Zweifelsfall bei Ihrem Zoofachhändler oder der entsprechenden Behörde.

Adressen

› Frettchenfreunde Rhein-Ruhr e. V., Am Meßrutengraben 10, 65428 Rüsselsheim, www.frettchenfreunde.info
› Verein Österreichischer Frettchenfreunde (VOFF), Prinz Eugen Str. 76/12, A-1040 Wien, www.frettchenwelt.at
› Frettchen-IG Berlin, www.nights-of-lights.com

Wichtiger **Hinweis**

› Lassen Sie unbedingt alle nötigen Schutzimpfungen bei Ihren Frettchen ausführen, da sonst die Gesundheit von Mensch und Tier gefährdet sein kann.

› Beim Umgang mit Ihren Frettchen können Sie gebissen werden und blutende Wunden davontragen. Lassen Sie solche Verletzungen vom Arzt behandeln. Ratsam ist auch, sich prophylaktisch gegen Tetanus impfen zu lassen.

› Haben Sie oder ein Mitglied Ihrer Familie eine Tierhaarallergie, sollten Sie vor dem Kauf eines Frettchens Ihren Arzt konsultieren.

› Deutscher Tierschutzbund e.V., Baumschulallee 15, 53115 Bonn, www.tierschutzbund.de

Adressen im Internet

Internet-Seite der Autorin:
› www.frettchendoc.de

Frettchenhilfen/-vermittlungen:
› www.hilfe-fuer-frettchen-in-not.de
› www.frettchenvermittlung.de
› www.frettchenhilfe.ch

Allgemeine Seiten mit Informationen über Haltung, Kauf, Zubehör, Urlaubsvermittlung:
› www.frettchen.de
› www.frettchen-forum.de
› www.frettchen-fun.de

Registrierung von Frettchen

› TASSO e. V., Abt. Haustierzentralregister, 65784 Hattersheim, Tel. 06190/93 73 00, www.tasso.net E-Mail: info@tasso.net
› Internationale Zentrale Tierregistrierung (IFTA), Nördliche Ringstraße 10, 91126 Schwabach, Tel. 00 8 00/43 82 00 00 (kostenlos), www.tierregistrierung.de

Tierärzte

Hier sollten Sie einen Tierarzt suchen, bevor eines Ihrer Frettchen krank wird:
› BPT – Bund praktizierender Tierärzte e.V.
www.smile-tierliebe.de.

Tierarztpraxen, die mit Naturheilverfahren arbeiten, finden Sie unter: Gesellschaft für ganzheitliche Tiermedizin e.V. (GGTM), Mooswaldstr. 7, D-7922 Schallstadt, www.ggtm.de

Internetportal für Tiermedizin: www.tiermedizin.de

Bücher

› Henke, G.: Das Frettchen als Haustier in der Kleintiersprechstunde. Graphische Werkstätten Zittau GmbH, Zittau

Zeitschriften

› Rodentia. Natur und Tier Verlag, Münster
› Ein Herz für Tiere. Gong Verlag, Ismaning

Dank

Verlag und Autorin danken Herrn Rechtsanwalt Reinhard Hahn vielmals für die juristische Beratung.

Freude am Tier

Die neuen Tierratgeber – da steckt mehr drin

ISBN 978-3-8338-0867-8
64 Seiten

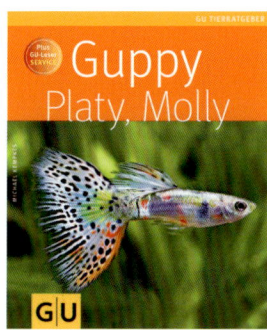

ISBN 978-3-8338-1711-3
64 Seiten

ISBN 978-3-8338-0595-0
64 Seiten

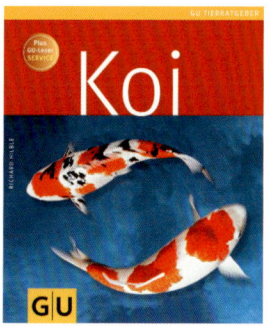

ISBN 978-3-8338-1203-3
64 Seiten

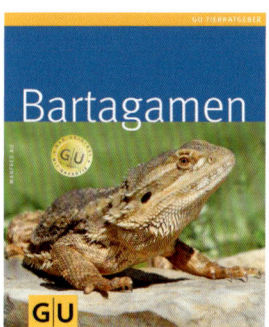

ISBN 978-3-8338-1164-7
64 Seiten

ISBN 978-3-8338-0524-0
64 Seiten

Das macht sie so besonders:

Praxiswissen kompakt – vermittelt von GU-Tierexperten

Praktische Klappen – alle Infos auf einen Blick

Die 10 GU-Erfolgstipps – so fühlt sich Ihr Tier wohl

Willkommen im Leben.

Unsere Garantie

Alle Informationen in diesem Ratgeber sind sorgfältig und gewissenhaft geprüft. Sollte dennoch einmal ein Fehler enthalten sein, schicken Sie uns das Buch mit dem entsprechenden Hinweis an unseren Leserservice zurück. Wir tauschen Ihnen den GU-Ratgeber gegen einen anderen zum gleichen oder ähnlichen Thema um.

Liebe Leserin und lieber Leser,

wir freuen uns, dass Sie sich für ein GU-Buch entschieden haben. Mit Ihrem Kauf setzen Sie auf die Qualität, Kompetenz und Aktualität unserer Ratgeber. Dafür sagen wir Danke! Wir wollen als führender Ratgeberverlag noch besser werden. Daher ist uns Ihre Meinung wichtig. Bitte senden Sie uns Ihre Anregungen, Ihre Kritik oder Ihr Lob zu unseren Büchern. Haben Sie Fragen oder benötigen Sie weiteren Rat zum Thema? Wir freuen uns auf Ihre Nachricht!

Wir sind für Sie da!
Montag – Donnerstag: 8.00 – 18.00 Uhr;
Freitag: 8.00 – 16.00 Uhr *(0,14 €/Min. aus
dem dt. Festnetz/
Tel.: 0180 - 5 00 50 54* Mobilfunkpreise
Fax: 0180 - 5 01 20 54* maximal 0,42 €/Min.)
E-Mail:
leserservice@graefe-und-unzer.de

P.S.: Wollen Sie noch mehr Aktuelles von GU wissen, dann abonnieren Sie doch unseren kostenlosen GU-Online-Newsletter und/oder unsere kostenlosen Kundenmagazine.

GRÄFE UND UNZER VERLAG
Leserservice
Postfach 86 03 13
81630 München

© 2008
GRÄFE UND UNZER VERLAG GmbH, München

Projektleitung: Jutta Weikmann
Lektorat: Angelika Lang
Bildredaktion: Natascha Klebl
Umschlaggestaltung und Layout: independent Medien-Design, Horst Moser, München
Herstellung: Elisabeth Märtz
Satz: Uhl + Massopust, Aalen
Reproduktion: Longo AG, Bozen
Druck: Firmengruppe APPL, aprinta druck, Wemding
Bindung: Firmengruppe APPL, sellier druck, Freising

Printed in Germany

ISBN 978-3-8338-0869-2

3. Auflage 2010

GRÄFE
UND
UNZER

Ein Unternehmen der
GANSKE VERLAGSGRUPPE

Die Autorin

Gisela Henke absolvierte ein Studium der Tiermedizin und besitzt in Berlin eine eigene Kleintierpraxis. Ihr Spezialgebiet umfasst die Haltung, Diagnostik und Therapie von Frettchen, mit denen sie auch privat gern Haus und Garten teilt. Frau Henke hat bereits mehrere Texte über das Frettchen als Heimtier veröffentlicht.

Der Fotograf

Oliver Giel hat sich mit seinem Fotostudio erfolgreich auf Natur- und Tierfotografie spezialisiert. Neben Bildproduktionen für Bücher und Zeitschriften betreut er auch Kalender- und Werbeproduktionen rund um die Themen Tier und Natur. Dabei wird er von seiner Lebensgefährtin Eva Scherer tatkräftig unterstützt.
www.tierfotograf.com.
Alle Fotos in diesem Buch stammen von Oliver Giel mit Ausnahme von: Gisela Henke: S. 58 und Autorenfoto

Syndication:
www.jalag-syndication.de